新世纪计算机课程系列精品教材

# 单片机实验与实训教程

**主　编**　刘海宽
**副主编**　包建华　张兴奎

东南大学出版社
·南　京·

## 内 容 简 介

本书从实验、实训的角度出发，对典型单片机接口实验、单片机应用实例、单片机实验开发系统进行了详细阐述，并给出了单片机设计制作选题和实用汇编子程序。

本书理论与实际相结合，注重应用知识的技术实现，对每一个单片机实践项目都给出了具体的软硬件设计，力求启迪读者思路，做到举一反三。

本书既适用于本、专科院校相关专业学生的单片机实验与实践技能训练，又可作为相关工程技术人员的参考书。

**图书在版编目(CIP)数据**

单片机实验与实训教程 / 刘海宽主编. —南京：东南大学出版社，2009.1 (2016.8 重印)
(新世纪计算机课程系列精品教材)
ISBN 978-7-5641-1556-2

Ⅰ.单… Ⅱ.刘… Ⅲ.单片微型计算机—高等学校—教材 Ⅳ.TP368.1

中国版本图书馆 CIP 数据核字(2009)第 009220 号

**单片机实验与实训教程**

| | |
|---|---|
| 出版发行 | 东南大学出版社 |
| 出 版 人 | 江建中 |
| 社　　址 | 南京市四牌楼 2 号 |
| 邮　　编 | 210096 |
| 经　　销 | 江苏省新华书店 |
| 印　　刷 | 南京京新印刷厂 |
| 开　　本 | 787 mm×1092 mm　1/16 |
| 印　　张 | 8.25 |
| 字　　数 | 191 千字 |
| 版　　次 | 2009 年 1 月第 1 版 |
| 印　　次 | 2016 年 8 月第 3 次印刷 |
| 书　　号 | ISBN 978-7-5641-1556-2/TP・257 |
| 印　　数 | 4301—5300 |
| 定　　价 | 18.00 元 |

(凡因印装质量问题，请与我社读者服务部联系。电话：025-83792328)

# 前　　言

目前，很多高校的相关工科专业都开设了 MCS－51 单片机应用技术课程，该课程的工程实践性很强，如仅有理论教学而没有系统的实践训练，学生很难真正掌握单片机应用设计技术。为此，作者根据多年从事 MCS－51 单片机应用技术课程教学及科研工作的经验，精心编写了这本实验、实训指导教程。

本书在编写上突出实践教学的特点，偏重实用性，以实验、实践教学为主，自成体系，内容上突出实验验证理论、理论与实践相结合的教学方法。全书共分五个单元：第一单元介绍由徐州师范大学电气工程及自动化学院自主研制的 XZNU MCUS－Ⅰ型单片机实验开发系统的构成及开发环境的使用方法；第二单元是 MCS－51 单片机实用汇编子程序；第三单元是 MCS－51 单片机典型接口实验，实验所给样例程序都通过调试成功；第四单元是单片机应用系统设计实例，给出了设计思路及具体的软硬件实现；第五单元是单片机系统设计制作题选，可供课程设计、毕业设计、各类综合实训作为课题选用。

本书由刘海宽教授主编，包建华、张兴奎任副主编。第一单元模块二、第二单元、第三单元、第四单元由包建华编写，第一单元模块一、第五单元模块一、模块二由张兴奎编写，第五单元模块三～模块六由刘海宽编写。全书由刘海宽策划和统稿。

由于作者的能力与水平所限，尽管已做了很大努力，书中不足甚至错误之处在所难免，敬请广大读者和同行专家批评指正。

**编　者**

**2008 年 9 月**

# 目　录

# 第一单元 单片机实验开发系统简介

## 模块一 单片机实验开发系统的构成

目前，国内外均已研制并生产出各种各样的单片机实验开发系统及开发工具。这里介绍由徐州师范大学电气工程及自动化学院研制的 XZNU MCUS-Ⅰ型单片机实验开发系统，该实验系统彻底抛弃了以往单片机实验仪复杂得令人摸不着头脑的监控程序，所有资源完全公开、透明、模块多样化，能灵活组建多种实验及实训项目，真正让学生从软硬件两方面了解单片机设计应用的整个过程，从而快速掌握单片机应用设计技术。

XZNU MCUS-Ⅰ型单片机实验开发系统由用户板、伟福 V8/L 型仿真器和开关电源 3 大部分组成。用户板由 CPU 模块和若干单元电路组成，由于采用开放式设计思路，使用者可以结合用户板的各种单元电路自由设计实验方案，提高对单片机的整体认识及综合设计能力。伟福仿真器的插针直接插入 CPU 模块的 40 脚插座并始终保持连接状态，这样在实验时可以借助上位机的伟福 Windows 集成调试软件进行在线仿真与调试，非常方便。开关电源为用户板上的单元电路提供工作电源，并可通过小接插件外供，开关电源输出为+5 V/2 A、+12 V/0.5 A、−12 V/0.5 A，该系统元件位置图如图 1.1 所示。

用户板上的其他单元电路会在后面的实验及实训项目中陆续介绍，在这里重点介绍一下 CPU 模块，也为后面对实验电路原理图的理解提供参考。XZNU MCUS-Ⅰ型单片机实验开发系统用户板上的 CPU 模块电路原理图如图 1.2 所示。

MCS-51 系列单片机的 P0 口中，每一位 I/O 口线都能驱动 8 个 LS TTL 门电路。1 个标准的 LS TTL 门电路在低电平状态下的最大吸收电流为 0.4 mA，P0 口具有 8 个 LS TTL 门电路的驱动能力，表示 P0 口在低电平状态下每一位 I/O 口线最大吸收电流的能力为 3.2 mA。当数据总线上挂接的外扩器件过多时，总线时序波形的上升沿和下降沿质量会变差，这用示波器可以看到。总线时序波形不好会影响数据传送的可靠性，因此在图 1.2 中我们采用 74LS245 总线收发器加强数据总线（D0～D7）的驱动能力，因为 74LS245 在低电平状态下最大吸收电流的能力为 24 mA，用它来驱动外围接口芯片比直接用 P0 口驱动外围接口芯片的能力要强得多。

74LS245 的 DIR 端与 CPU 的读信号端（$\overline{RD}$端）相连接，可保证正确的总线收发方向。

在图 1.2 中采用 74LS244 的目的是加强控制总线$\overline{WR}$、$\overline{RD}$、$\overline{INT0}$、$\overline{INT1}$、T0、T1、ALE 以及用户板内的 1MHz 时钟信号 CLK 的驱动能力，以提高 CPU 模块与其他单元电路之间信号传送的可靠性。

CPU 对外部接口芯片进行读/写操作时，在任何时刻只能有一个外部接口芯片享有向总线传送数据的权利；即在任何时刻，只能有一个外部接口芯片的片选端（$\overline{CS}$端）被选中，否则就要发生总线冲突。图 1.2 中的 2 片 3/8 译码器 74LS138 提供 16 个译码片选信号，因此分时选用的外围接口器件不超过 16 个。

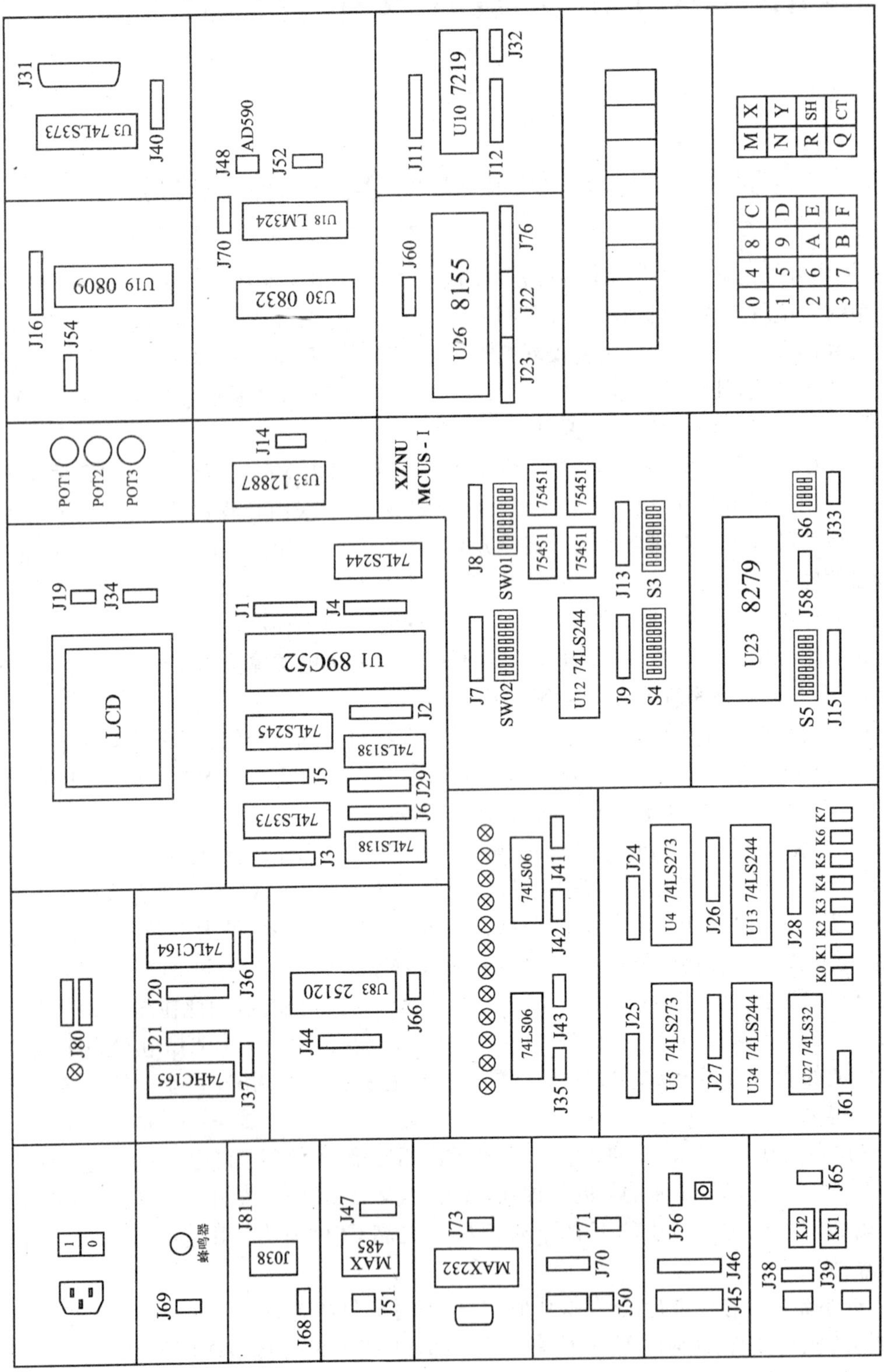
J31
U3 74LS373
J40
J48
AD590
J52
U18 LM324
J70
U30 0832
J11
U10 7219
J12
J32
J60
U26 8155
J76
J22
J23
U19 0809
J16
J54
POT1
POT2
POT3
U33 12887
J14
XZNU
MCUS - I
75451
SW01
SW02
J8
J7
U12 74LS244
J13
J9
S3
S4
U23 8279
S6
J33
J58
S5
J15
0 4 8 C M X
1 5 9 D N Y
2 6 A E R SH
3 7 B F Q CT
LCD
J19
J34
74LS244
J1
J4
U1 89C52
J2
74LS245
74LS138
J5
J29
J6
74LS373
J3
74LS06
J41
J42
J43
J35
J24
U4 74LS273
J26
U13 74LS244
J28
K0 K1 K2 K3 K4 K5 K6 K7
J25
U5 74LS273
J27
U34 74LS244
U27 74LS32
J61
J80
74LC164
J36
J20
J21
74HC165
J37
U83 25120
J66
J44
J69
蜂鸣器
J81
J038
J68
J47
MAX 485
J51
J73
MAX232
J71
J70
J50
J56
J45 J46
J65
KJ2
KJ1
J38
J39

图 1.1　元件位置图

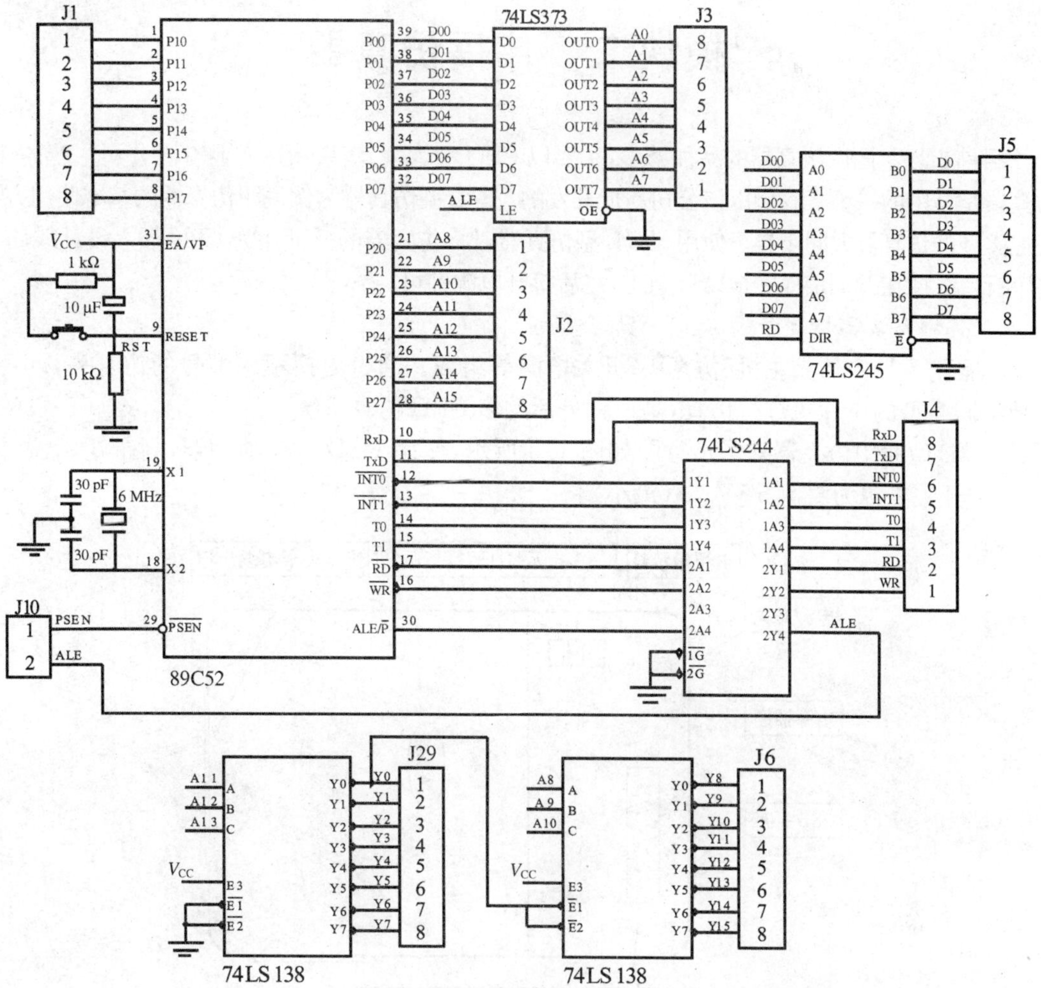


图 1.2　CPU 模块电路原理图

2 片 3/8 译码器提供的 16 个译码片选信号的地址映像空间(假定最高位地址 A15A14＝00)如表 1.1 所示。

表 1.1　2 片 3/8 译码器 16 个译码片选信号地址映像空间

| 片　选 | 地址范围 | 片　选 | 地址范围 |
|---|---|---|---|
| Y0 | 0000H～07FFH | Y8 | 0000H～00FFH |
| Y1 | 0800H～0FFFH | Y9 | 0100H～01FFH |
| Y2 | 1000H～17FFH | Y10 | 0200H～02FFH |
| Y3 | 1800H～1FFFH | Y11 | 0300H～03FFH |
| Y4 | 2000H～27FFH | Y12 | 0400H～04FFH |
| Y5 | 2800H～2FFFH | Y13 | 0500H～05FFH |
| Y6 | 3000H～37FFH | Y14 | 0600H～06FFH |
| Y7 | 3800H～3FFFH | Y15 | 0700H～07FFH |

# 模块二 伟福仿真器

目前市场上国产仿真器的品种繁多，主要以 CPU 型为主，南京伟福实业有限公司生产的伟福仿真器是其中的一种。我们以该公司新近开发的 V8/L 型仿真器为例说明仿真器的基本使用方法，其他类型的仿真器大同小异。使用 V8/L 型仿真器时将仿真器的插针作为 CPU 插入设计线路板，将串行口线插在 PC 机的一个 USB 口上，之后打开电源即可。

1）伟福仿真器概述

伟福仿真器由仿真主机、仿真头、开关电源等组成。通过更换不同型号的仿真头，即可对各种不同类型的单片机进行仿真，是一种灵活的多 CPU 仿真系统。

V8/L 型通用仿真器外形示意图如图 1.3 所示，使用 USB 与电脑相连，附带逻辑测试探头一个，开关电源为直流 5 V/1 A(最小)。

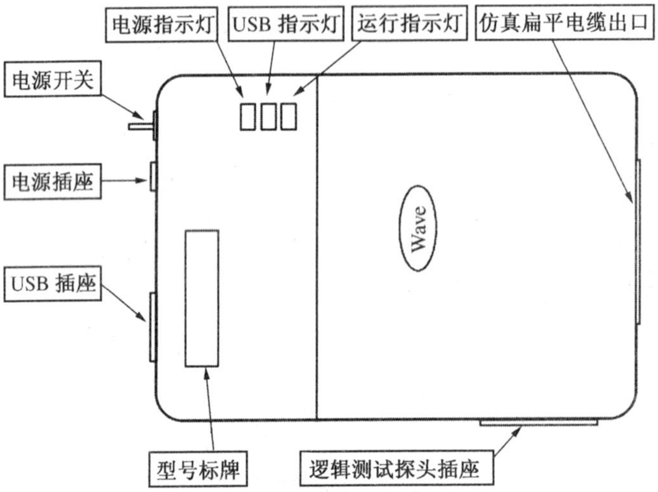


**图 1.3 V8/L 型仿真器外形示意图**

V8/L 型仿真器配置的仿真头型号为 POD－S8X5X/H8X5X，配有 40 脚 DIP 封装的转接座，用于仿真 MCS－51 系列及兼容单片机，可仿真的 CPU 种类为 8031/32、8051/52、875X、89C5X、89CX051，华邦的 78E5X 系列、77E5X 系列，飞利浦的 P87C5X 系列、P89C51RX2 系列、P89C66X 系列，LG 的 97C51/52/1051/2051。配有 40 脚 DIP 封装的转接座，可选配 44 脚 PLCC 封装的转接座。选配 2051 转接座可仿真 20 脚 DIP 封装的 89CX051CPU。POD－S8X5X 仿真头结构示意图如图 1.4 所示。

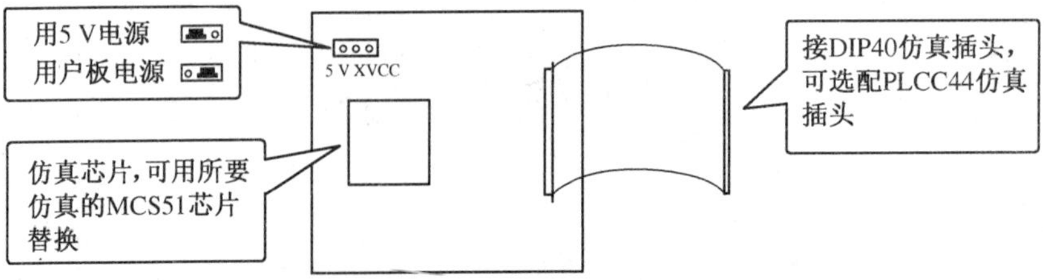


**图 1.4 仿真头结构示意图**

2）伟福仿真平台

这是与伟福 V8/L 型仿真器相配套的 VW IDE 环境，中/英文界面可任选，用户源程序的大小没有任何限制，支持 ASM、C、PLM 语言混合编程，具有项目管理功能，为用户的资源共享、课题重组提供强有力的支持。支持点屏显示，用鼠标左键单击源程序中的某一变量，即可显示该变量的数值。具有丰富的窗口显示方式，多方位、动态地展示仿真的各种过程。该仿真平台具有以下特点：

（1）双工作模式

① 软件模拟仿真（不用仿真器也能模拟仿真）；

② 硬件仿真。

（2）双 CPU 结构

由监控 CPU 控制仿真 CPU 完成仿真工作，100％不占用用户资源。全空间硬件断点，不受任何条件限制。支持地址、数据、外部信号、事件断点，支持实时断点计数、软件运行时间统计。

（3）集成调试环境

集成了编辑器、编译器、调试器，使源程序编辑、编译、下载、调试全部可以在一个环境下完成。伟福的多种仿真器以及支持的多类 CPU 仿真全部集成在一个环境下，可仿真 MCS－51 系列、MCS196 系列、Microchip PIC 系列 CPU。伟福 Windows 调试软件提供了全集成环境和统一的界面，包括一个项目管理器、一个功能强大的编辑器、汇编 Make 以及 Build 和调试工具，并提供一个与第三方编译器相连的接口。

（4）强大的逻辑分析仪综合调试功能

逻辑分析仪由交互式软件菜单窗口对系统硬件的逻辑或时序进行同步实时采样，并实时在线调试分析，采样深度 64 k，最高时基采样频率达 100 MHz，有 64 路波形，可精确实时反映用户程序运行时的历史时间。系统在使用逻辑分析仪时，除普通的单步断点运行、键盘断点运行、全速硬件断点运行外，还可实现各种条件的组合断点，如数据、地址、外部控制信号、CPU 内部控制信号、程序区间等。由于逻辑分析仪可以直接对程序的执行结果进行分析，因此极大地提高了程序调试的便利性。随着科学技术的发展，单片机在通讯方面的运用越来越多。在进行通讯功能的调试时，如果通讯不正常，查找原因是非常耗时和低效的，很难搞清楚问题到底出在什么地方：是波特率不对；是硬件信道有问题；是通讯协议有问题；是发方出错还是收方出错。有了逻辑分析仪，情况则完全不一样。它可以分别或者同时对发送方、接收方的输入或者输出波形进行记录、存储、对比、测量等各种直观的分析，可以将实际输出通讯报文的波形与源程序相比较，以立即发现问题所在，从而极大地方便了调试。

（5）强大的跟踪器功能

跟踪功能以总线周期为单位，实时记录 CPU 仿真运行过程中总线上发生的事件，其触发条件方式同逻辑分析仪。跟踪窗口在仿真停止时可收集显示跟踪的 CPU 指令记忆信息，可以以总线反汇编码模式和源程序模式对应显示跟踪结果。屏幕窗口显示波形图最多跟踪记忆指令 64 k，并通过仿真器的断点、单步、全速运行或各种条件组合断点来完成跟踪功能。总线跟踪是跟踪程序的运行轨迹，统计软件运行时间。

3）软件安装

（1）集成调试软件安装

① 将光盘放入光驱自动运行，出现安装提示；

② 选择"安装 VW"软件；

③ 按照安装程序的提示，输入相应内容；

④ 继续安装，直至结束。

在安装过程中，如果用户没有指定安装目录，则安装完成后，会在 C 盘建立一个 C:\VW 目录（文件夹），结构如表 1.2 所示。

**表 1.2　目录及其对应内容**

| 目　　录 | 内　　　容 |
| --- | --- |
| C:\ VW | |
| ├ BJN | 可执行程序及相关配置文件 |
| ├ HELP | 帮助文件和使用说明 |
| └ SAMPLES | 样例和演示程序 |

（2）编译器安装

伟福仿真系统已内嵌汇编编译器（伟福汇编器），同时留有第三方编译器的接口，以方便用户使用高级语言调试程序。

安装 MCS－51 系列 CPU 编译器的步骤如下：

① 进入 C 盘根目录，建立 C:\COMP51 子目录（文件夹）；

② 将第三方的 51 编译器复制到 C:\COMP51 子目录（文件夹）下；

③ 在［主菜单｜仿真器｜仿真器设置｜语言］对话框的［编译器路径］指定 C:\COMP51。

如果用户将第三方编译器安装在硬盘的其他位置，请在［编译器路径］指明其位置，例如：C:\KEIL\C51\。

4）开发环境

伟福集成调试软件安装完毕后，在 Windows 环境下，双击桌面上的 Wave 图标进入开发环境，界面及主要功能如图 1.5 所示。

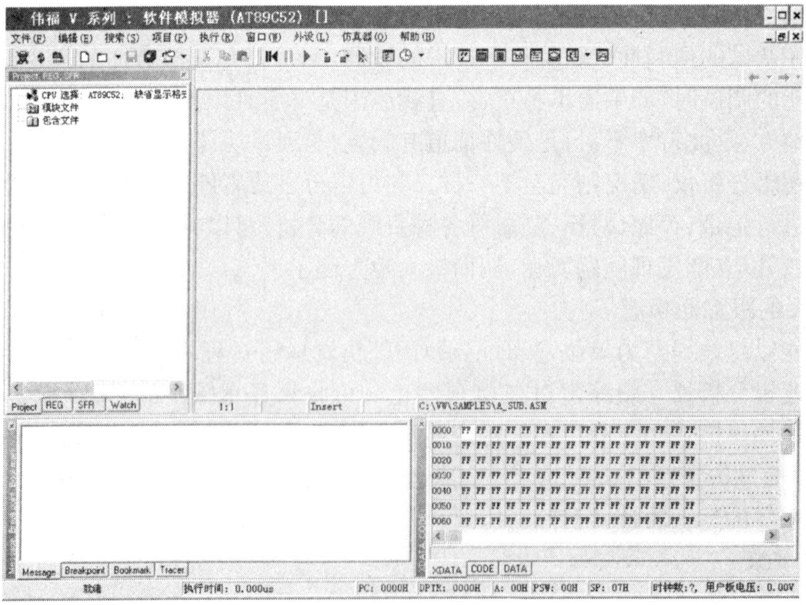


**图 1.5　集成调试软件主界面**

(1) 仿真器选择

在使用仿真器时，应根据需要设置好仿真器类型、仿真头类型及CPU类型。伟福集成调试软件对多种CPU的时序既可以进行硬件仿真，也可以进行软件仿真。若使用软件仿真即选择“伟福软件模拟器”方式，单击【仿真器】|【仿真器设置】，出现软件仿真选择界面如图1.6所示，选中“使用伟福软件模拟器”，按回车键后，出现仿真器采用软件仿真初始化界面如图1.7所示。此时，仿真器软件仿真设置结束，可进入汇编程序编辑、文件保存、编译、调试等阶段。

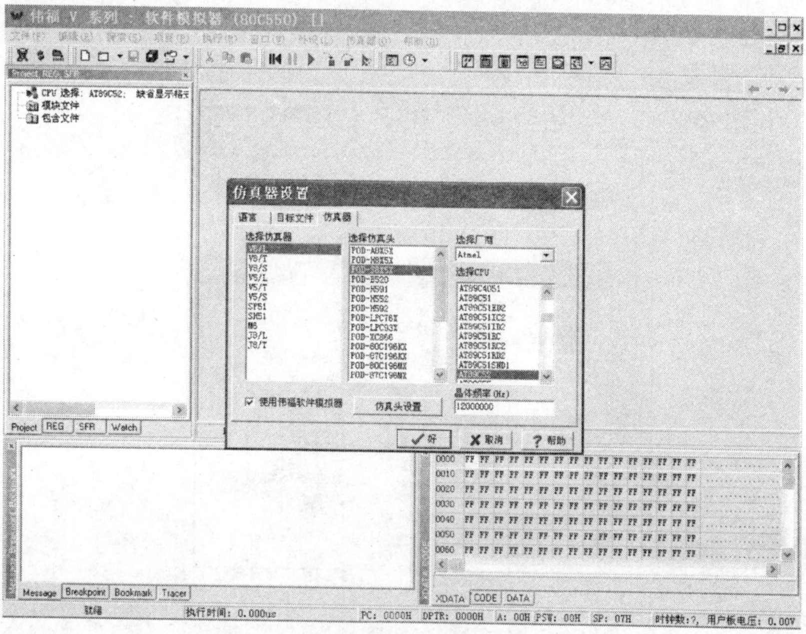

**图1.6　仿真器采用软件仿真选择界面**

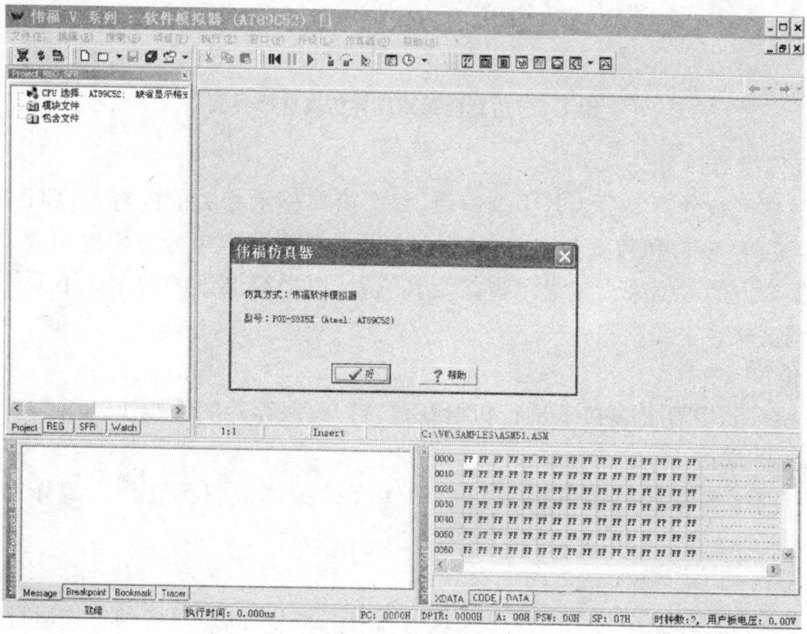


**图1.7　仿真器采用软件仿真初始化界面**

采用硬件仿真时，其选择界面如图 1.8 所示，在“选择仿真器”框内选择仿真器的类型，在“选择仿真头”框内选择仿真头的类型，在“选择 CPU”框内选择 CPU 的型号。硬件仿真时，正确进行仿真器设置是调试的基础，在实际调试中应该按照系统实际情况进行选择。使用徐州师范大学电气工程及自动化学院研制的“单片机实验开发系统”的读者应该这样选择：仿真器选择 V8/L，仿真头选择 POD－S8X5X，CPU 选择 AT89C52，并注意应该取消选中“使用伟福软件模拟器”，如图 1.8 所示。按回车键后，再经过一次硬件仿真初始化过程，仿真器就可以使用了。

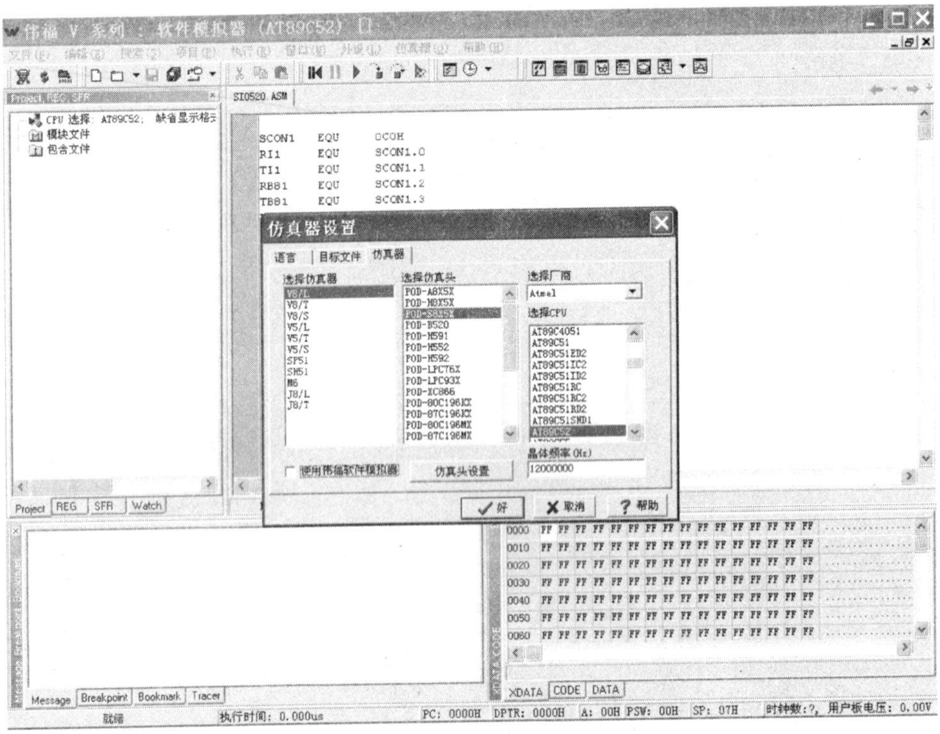


**图 1.8　仿真器采用硬件仿真选择界面**

(2) 仿真器窗口设置

伟福集成调试软件可以分为若干个窗口，每个窗口显示相关的内容，有项目窗口、信息窗口、观察窗口、CPU 窗口和数据窗口，这些窗口显示的信息可以十分方便地为调试服务。开发者还可以根据个人的习惯来设定显示窗口及其位置，以提高调试的效率。下面简要介绍伟福 V 系列集成调试软件主要窗口：

① 文件窗口

如图 1.9 所示，可在此窗口下进行包括新建、打开、保存等文件操作。

② 编译文件窗口

单击【项目】|【编译】，或按 F9 键，可以将源文件编译成目标文件。编译文件窗口如图 1.10 所示。

③ 执行窗口

如图 1.11 所示，在此窗口下可用全速执行、跟踪、单步、断点等各种方式运行程序。

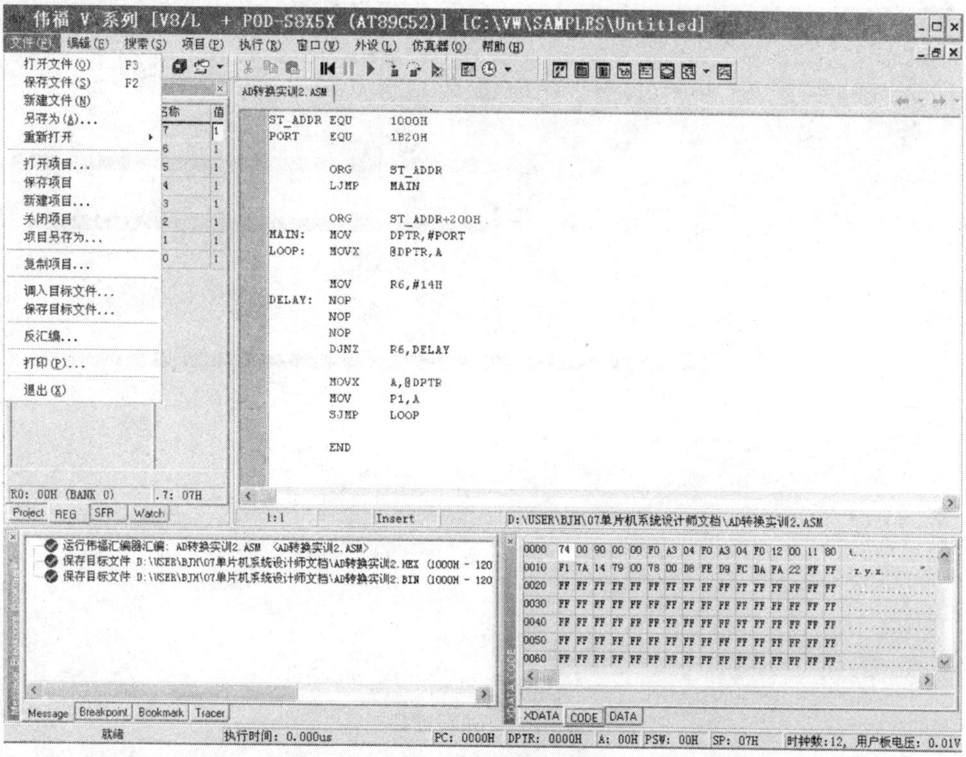


**图 1.9　文件窗口**

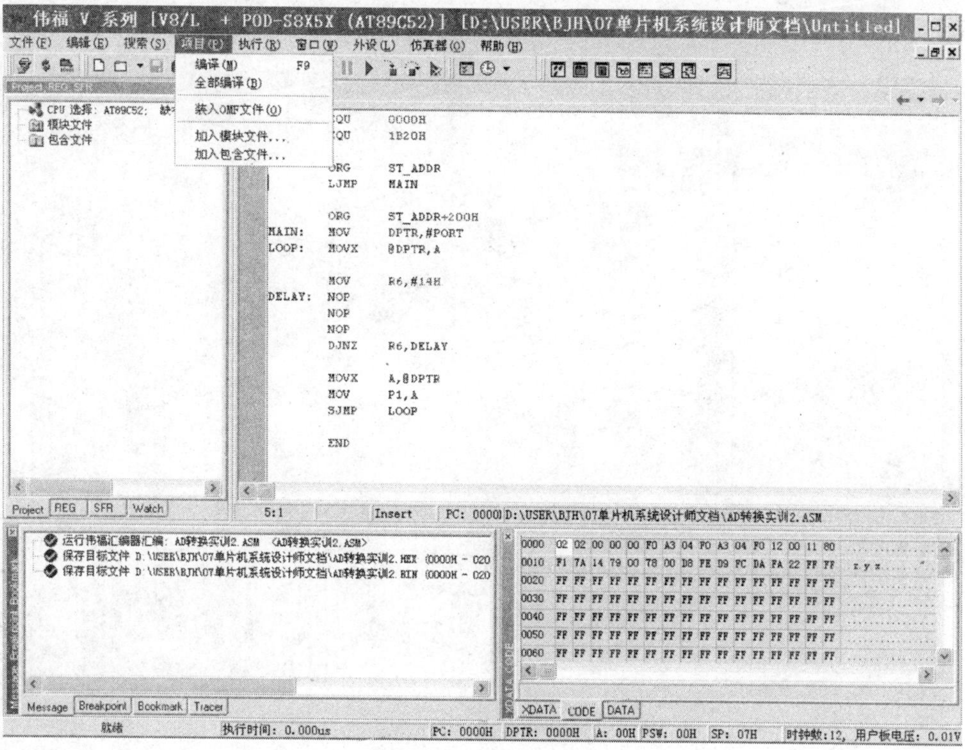


**图 1.10　编译文件窗口**

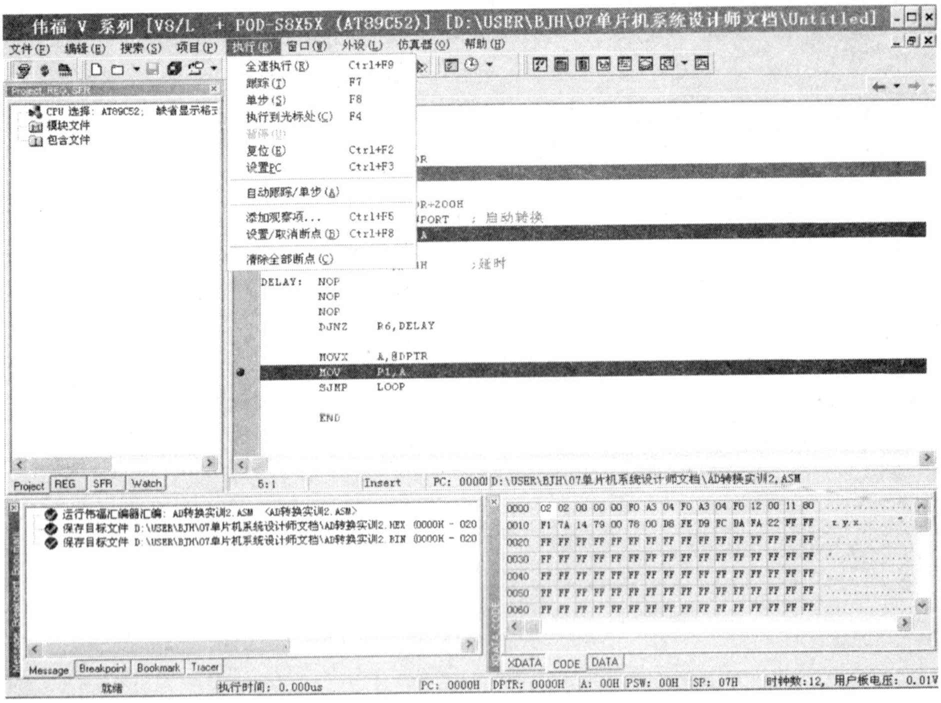

图 1.11　执行窗口

④ 窗口窗口

如图 1.12 所示，在此窗口下可以观察到各种窗口信息，其中最常用到的是 CPU 窗口和数据窗口。

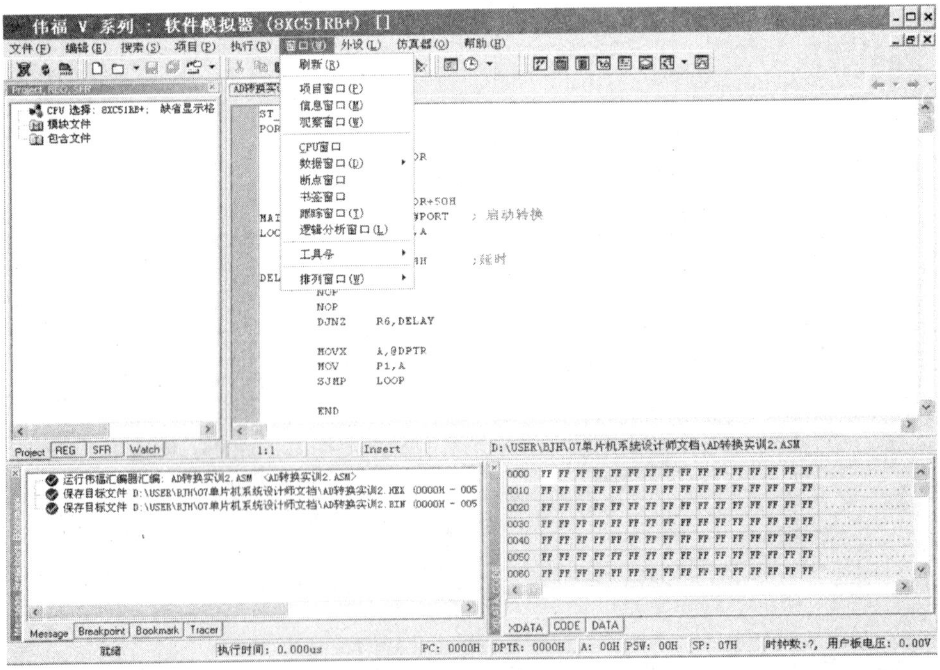

图 1.12　窗口窗口

a. CPU 窗口

如图 1.13 所示，通过 CPU 窗口可以看到编译正确的机器码及反汇编程序，让用户更清楚地了解程序执行过程。CPU 窗口中还有 SFR 窗口和位窗口，能够让用户了解程序执行过程中寄存器内容的变化。

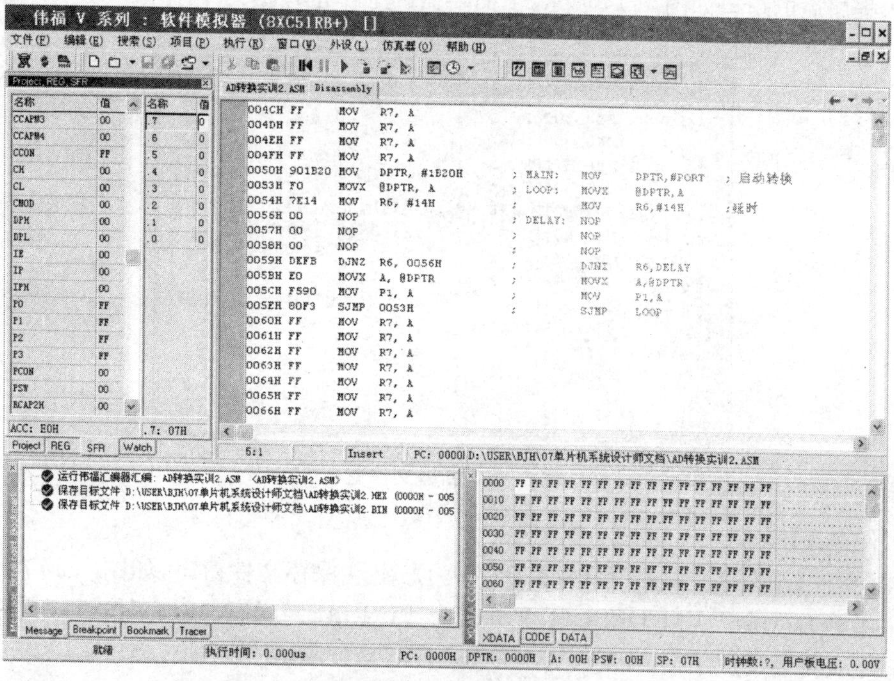

**图 1.13　CPU 窗口**

b. 数据窗口

对 51 系列 CPU，数据窗口有内部数据窗口 DATA、程序数据窗口 CODE、XDATA 外部数据窗口、外部数据窗口（页方式）PDATA、BIT 窗口。

5）快速入门

下面以一个简单的汇编程序为例，使读者快速掌握伟福集成调试软件使用及 51 单片机汇编程序调试方法。要掌握伟福软件更多的功能与使用技巧依赖于读者反复的实践。

编程要求：指定片外 RAM 2000H 为起始地址，长度为 256 个单元，要求将其内容清零。

(1) 建立新程序

单击【文件】|【新建文件】，出现一个文件名 NONAME1 的源程序窗口，在此窗口中输入以下程序：

```
ADDR      EQU      2000H
          ORG      0000H
          JMP      START
          ORG      0050H
START:    MOV      DPTR,#ADDR          ;起始地址
          MOV      R0,#00H             ;设置 256 个字节计数值
          CLR      A
LOOP:     MOVX     @DPTR,A
```

```
        INC         DPTR                    ;指向下一个地址
        DJNZ        R0,LOOP
        SJMP        $
        END
```

输入程序后的窗口如图 1.14 所示，下面要做的工作是将此文件存盘。

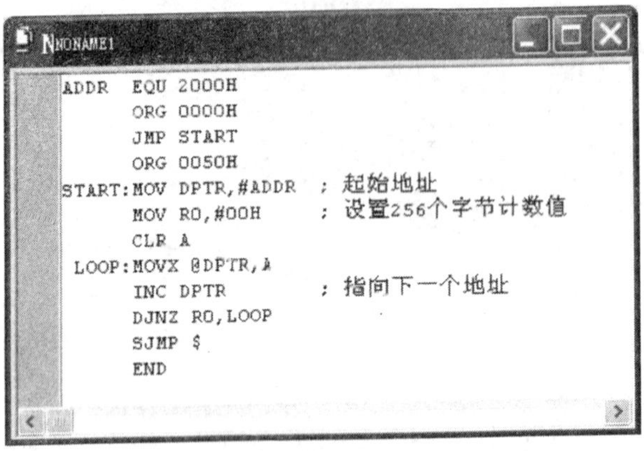


**图 1.14　新建文件窗口**

(2) 保存程序

单击【文件】|【保存文件】或【文件】|【另存为】，出现保存文件窗口，如图 1.15 所示。假设保存文件夹为 D:\user\VM_DEBUG，文件名为 T1_1. ASM，单击“保存”按钮。文件保存后，程序窗口上文件名变成了 D:\user\VM_DEBUG\T1_1. ASM。

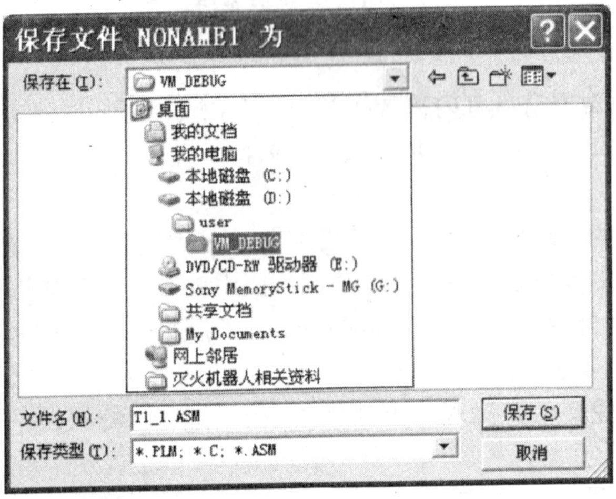


**图 1.15　保存文件窗口**

(3) 建立新的项目

单击【文件】|【新建项目】，出现加入模块文件对话框，如图 1.16 所示，新建项目分为三个步骤。

① 加入模块文件。在加入模块文件对话框中选择刚才保存的文件 T1_1. ASM，单击“打开”按钮，出现加入包含文件对话框，如图 1.17 所示。

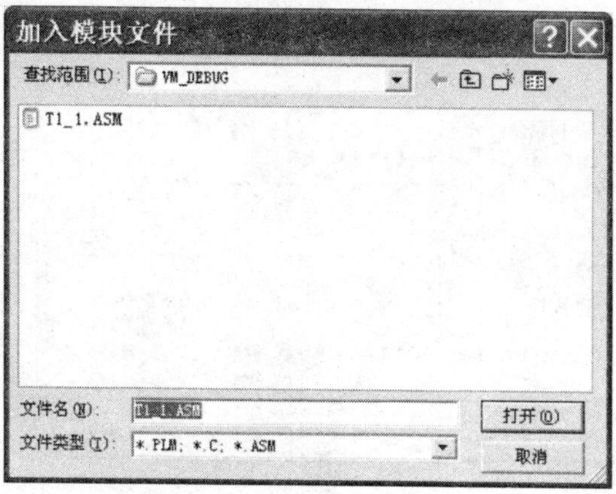


图 1.16　加入模块文件对话框

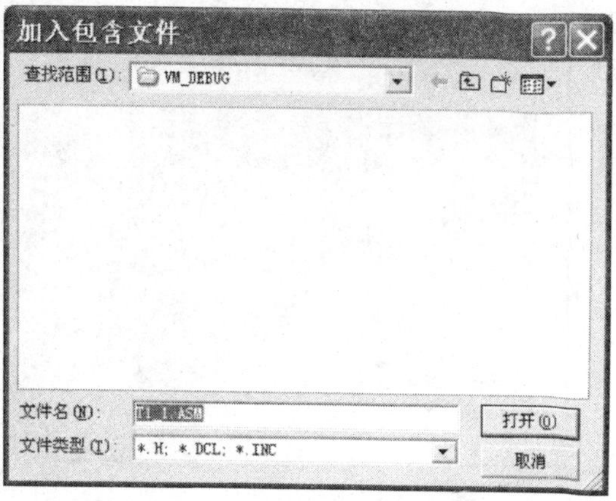


图 1.17　加入包含文件对话框

② 加入包含文件。在加入包含文件对话框中，选择所要加入的包含文件；如果没有，则单击“取消”按钮，出现保存项目对话框，如图 1.18 所示。

③ 保存项目。在保存项目对话框中输入项目名称 MY1，软件自动将后缀设成“.PRJ”，单击“保存”按钮将项目保存在与源程序相同的文件夹下。

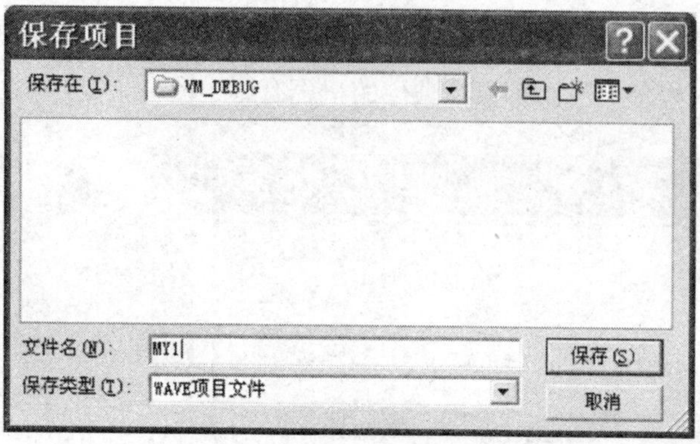


图 1.18　保存项目对话框

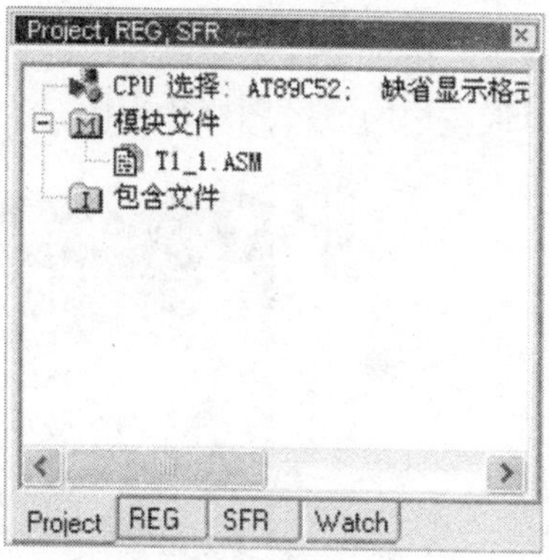


图 1.19　项目窗口

保存好后，如果项目是打开的，可以看到项目的“模块文件”中已有一个模块“T1_1.ASM”，如图 1.19 所示。如果项目窗口没有打开，可以选择菜单【窗口】|【项目窗口】打开。

(4) 设置仿真器

单击【仿真器】|【仿真器设置】，或单击仿真器设置快捷图标，或双击项目窗口的第一行来打开“仿真器设置”对话框，如图 1.20 所示。

在仿真器栏中，选择仿真器类型和配套的仿真头以及所要仿真的单片机。在语言栏中，“编译器选择”根据本例要求选择“伟福汇编器”。如果程序使用的是 C 语言或 INTEL 格式的汇编语言，可根据安装的 Keil 编译器版本选择“Keil C(V4 或更低)”或者“Keil C(V5 或更高)”，单击“好”按钮确定。当仿真器设置好以后，再次保存项目。

(5) 编译程序

单击【项目】|【编译】，或按编译快捷图标，或按 F9 键，编译项目。编译过程中，如果有错会在信息窗口中显示出来，双击错误信息，可以在源程序中定位所在行。纠正错误后，需再次编译直到没有错误。在编译之前，软件会自动将项目和程序存盘。编译没有错误后，就可以调

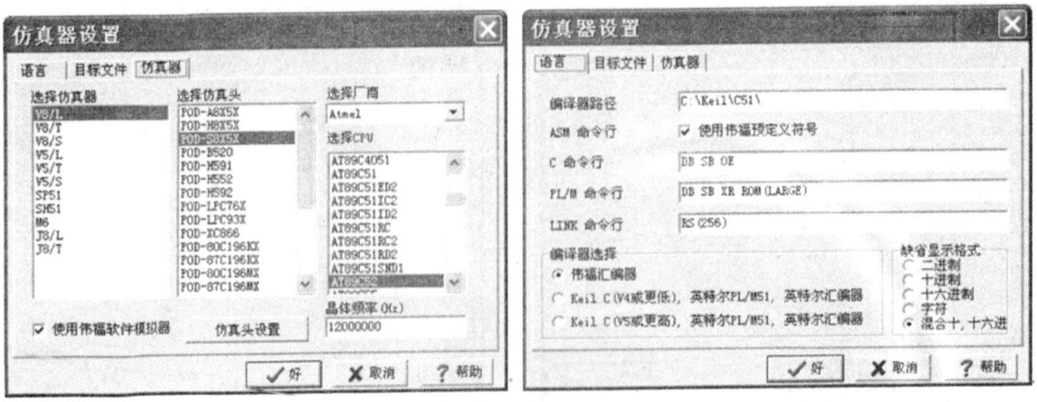


**图 1.20 仿真器设置窗口**

试程序了。

(6) 单步调试程序

单击【执行】|【跟踪】，或按跟踪快捷图标，或按 F7 键，运行单步跟踪调试程序。单步跟踪就一条指令一条指令地执行程序，若有子程序调用，就跟踪到子程序中去。单步跟踪调试窗口如图 1.21 所示，单步跟踪可以观察程序每步执行的结果，“ ”所指的就是下次将要执行的程序指令。由于条件编译或高级语言优化的原因，不是所有的源程序都能产生机器代码，源程序窗口最左边的“ ”图标代表此行为有效程序，产生了可以执行的机器代码。

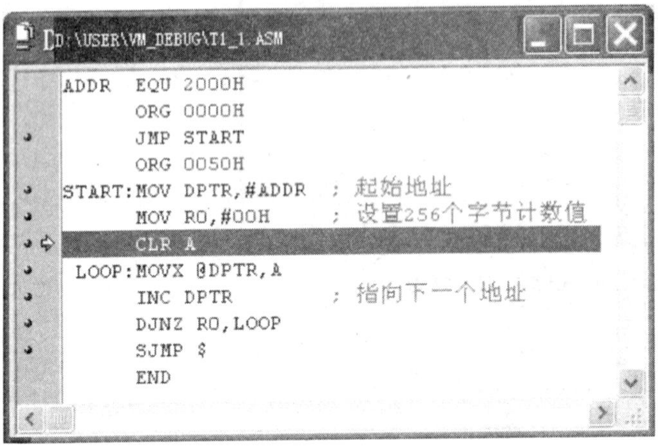


**图 1.21 单步跟踪调试窗口**

如果嫌单步跟踪到子程序调试速度太慢，可以按 F8 键进行单步执行即以全速执行子程序调用，而不一步一步地跟踪子程序。

为提高源程序调试速度与调试效率，可以使用“执行到光标处”功能或设置断点。将光标移到程序想要暂停的地方，单击【执行】|【执行到光标处】，或按 F4 键，程序会全速执行到光标所在行。设置断点的方法比较简单，将光标移到源程序窗口的左边灰色区，光标变成“手指圈”时，单击左键即可设置断点。断点有效，其图标为“红圆绿勾”；断点无效，其图标为“红圆黄叉”。断点设置好后，就可以用全速执行功能执行程序，当程序执行到断点时会暂停，这时可以观察程序中各变量的值以及各端口的状态，判断程序是否正确。

到此为止，我们都是用软件模拟方式来调试程序，如果想要用硬件仿真，就要连接上仿真器。

(7) 连接硬件仿真

将仿真器通过 USB 电缆连接到计算机上，将仿真头接到仿真器，检查接线是否有误，确定无误后，接上电源，打开仿真器的电源开关。参见第(4)步“设置仿真器”，取消选择“仿真器”栏下方的“使用伟福软件模拟器”选项，单击“好”按钮确认。

如果仿真器和仿真头设置正确，并且硬件连接没有错误，就会出现如图 1.22 所示的“伟福仿真器”对话框，并显示仿真器、仿真头的型号及仿真器的序列号，表明仿真器初始化正确。如果仿真器初始化过程中有错，就会再次出现仿真器设置对话框，这时应检查仿真器、仿真头的选择是否有错，硬件连线是否有错。检查纠正错误后再次确认，直至显示如图 1.22 所示的硬件仿真确认对话框。

**图 1.22　硬件仿真确认对话框**

如果已经有写好的程序，可以从第(3)步“建立新的项目”开始，将程序加入项目，就能以项目方式仿真了。如果不想以项目方式仿真，则要先关闭项目，再打开程序，并且要正确设置仿真器、仿真头，然后再编译、调试程序。

# 第二单元　MCS－51单片机汇编程序实训

在单片机的应用系统设计中，主要有两个难点：一是接口电路的设计，二是程序设计。由于MCS－51单片机有一批可编程的芯片可供选用，因而使接口电路的设计得以简化；但程序设计涉及面很广，处理的内容繁杂多样，目前还没有完全统一的工程设计方法。本单元从计算、转换和数据处理3方面出发，选择若干具有典型性的汇编语言实用子程序加以介绍。

尽管目前已有部分设计人员使用C语言（C51）等高级语言来完成MCS－51单片机的应用程序设计，但是在程序的空间和时间要求很高的场合，汇编语言程序设计仍是必不可缺的，在某些场合下，可使用C语言和汇编语言混合编程；而在很多需要直接控制硬件的场合，则非用汇编语言不可。从某种意义上来说，掌握汇编语言并能使用汇编语言来进行程序设计，是学习和掌握MCS－51单片机程序设计的基本功之一。

## 模块一　算术运算类（定点数）程序设计

*1）双字节BCD码加法*

说明：BCD码加法需对运算结果进行二—十进制调整。

入口条件：R5（高）、R4（低）为被加数；R3（高）、R2（低）为加数。

出口信息：R6（万）、R5（千、百）、R4（十、个）为和值。

```
DUBCDA: MOV    A,R4
        ADD    A,R2
        DA     A
        MOV    R4,A
        MOV    A,R5
        ADDC   A,R3
        DA     A
        MOV    R5,A
        CLR    A
        ADDC   A,#00H
        MOV    R6,A
        RET
```

*2）双字节BCD码减法*

说明：MCS－51既没有十进制减法指令，也没有十进制减法调整指令，所以先将减数进行十进制求补，把减法变成加法，然后用十进制加法调整指令来调整运算结果，所得到的是十进制补码形式的差值，此时C＝1表示差值为正，C＝0表示差值为负。

入口条件：R5（高）、R4（低）为被减数；R3（高）、R2（低）为减数。

出口信息:R5(高)、R4(低)为补码形式的差值。

```
CDS: CLR     C
     MOV     A,#99H
     SUBB    A,R3
     MOV     R3,A
     CLR     C
     MOV     A,#9AH
     SUBB    A,R2
     ADD     A,R4
     DA      A
     MOV     R4,A
     MOV     A,R3
     ADDC    A,R5
     DA      A
     MOV     R5,A
     RET
```

3) 单字节BCD码乘法

说明:MCS-51遇到乘法时采用"累加法"求解。编程时应注意两个问题:一是每次累加后及时用"DA A"调整;二是处理好积的低8位向高8位的进位关系。

入口条件:60H为被乘数;61H为乘数。

出口信息:62H(高)、63H(低)为乘积。

```
BCDMUL: MOV     63H,#0
        MOV     62H,#0
        CLR     A
LP:     PUSH    ACC          ;保护累加次数
        MOV     A,60H
        ADD     A,63H        ;将被乘数与部分积的低8位相加
        DA      A
        MOV     63H,A        ;刷新乘积的低8位
        CLR     A
        ADDC    A,62H
        DA      A
        MOV     62H,A        ;刷新乘积的高8位
        POP     ACC
        ADD     A,#01H       ;累加次数增1
        DA      A
        CJNE    A,61H,LP     ;累加次数等于乘数,运算结束,否则继续
        RET
```

4）多字节无符号数加法

说明：从低位开始加。

入口条件：R0 为被加数低位字节地址指针；R1 为加数低位字节地址指针；R3 为字节数。

出口信息：R0 为和值低位字节地址指针；R3 为和值字节数。

```
MADD: MOV    A,R0
      MOV    R2,A
      MOV    A,R3
      MOV    R7,A
      CLR    C
LP:   MOV    A,@R0
      ADDC   A,@R1
      MOV    @R0,A
      INC    R0
      INC    R1
      DJNZ   R7,LP
      JNC    LAR
      INC    R3
      MOV    @R0,#01H
LAR:  MOV    A,R2
      MOV    R0,A
      RET
```

5）多字节无符号数减法

说明：从低位开始减，最后 C=0，结果为正；C=1，结果为负（补码）。

入口条件：R0 为被减数低位字节地址指针；R1 为减数低位字节地址指针；R3 为字节数。

出口信息：R0 为差值低位字节地址指针；R3 为差值字节数。

```
MSUB: CLR    07H        ;正负标志位清零
      MOV    A,R0
      MOV    R2,A
      MOV    A,R3
      MOV    R7,A
      CLR    C
LP0:  MOV    A,@R0
      SUBB   A,@R1
      MOV    @R0,A
      INC    R0
      INC    R1
      DJNZ   R7,LP0
      JNC    LP1
      SETB   07H        ;差值为负，置位标志位
LP1:  MOV    A,R2
```

```
        MOV     R0,A
        RET
```

6）双字节无符号数乘法

入口条件：R5(高)、R4(低)为被乘数；R3(高)、R2(低)为乘数。

出口信息：R1 为积的高位字节地址指针。

```
DUMUL:  MOV     A,R1
        MOV     R6,A
        MOV     R7,#4
CL:     MOV     @R1,#00H        ;4个连续的结果单元清零
        INC     R1
        DJNZ    R7,CL
        DEC     R1
MM:     MOV     A,R2
        MOV     B,R4
        MUL     AB
        ACALL   ADDM
        MOV     A,R2
        MOV     B,R5
        MUL     AB
        ACALL   ADDM
        INC     R1              ;R4×R3与R5×R2累加单元相同,R1加1
        MOV     A,R3
        MOV     B,R4
        MUL     AB
        ACALL   ADDM
        MOV     A,R3
        MOV     B,R5
        MUL     AB
        ACALL   ADDM
        MOV     A,R6            ;恢复地址指针
        MOV     R1,A
        RET
ADDM:   ADD     A,@R1
        MOV     @R1,A
        MOV     A,B
        DEC     R1
        ADDC    A,@R1
        MOV     @R1,A
        DEC     R1
        MOV     A,@R1
```

```
        ADDC    A,#00H
        MOV     @R1,A
        INC     R1
        RET
```

7) 双字节二进制无符号数除法

说明:对于双字节除法,最常用的算法是"移位相减"法。为便于编程,将余数和被除数组合在一起循环左移,每次移位后,判断余数是否大于除数,若大于,余数减去除数,商上 1;否则商上 0。被除数左移空出的低位空间用来存放商。

入口条件:R7(高)、R6(低)为被除数;R5(高)、R4(低)为除数。

出口信息:R7(高)、R6(低)为商;R3(高)、R2(低)为余数。

```
DDIV: MOV     A,R4
      JNZ     DD0
      MOV     A,R5
      JZ      ERR         ;除数为 0,置位非法标志
DD0:  MOV     R2,#0       ;余数寄存器清零
      MOV     R3,#0
      MOV     R1,#16
DD1:  CLR     C           ;余数、被除数即 R3R2、R7R6 左移 1 位
      MOV     A,R6
      RLC     A
      MOV     R6,A
      MOV     A,R7
      RLC     A
      MOV     R7,A
      MOV     A,R2
      RLC     R2
      MOV     R2,A
      MOV     A,R3
      RLC     A
      MOV     R3,A
      CLR     C
      MOV     A,R2        ;部分余数减除数,先减低 8 位
      SUBB    A,R4
      MOV     R0,A
      MOV     A,R3
      SUBB    A,R5
      JC      DD2
      INC     R6          ;部分余数大于除数,商上 1
      MOV     R3,A        ;相减结果送 R3R2
      MOV     02H,00H
```

```
DD2:   DJNZ    R1,DD1
       CLR     F0
       RET
ERR:   SETB    F0
       RET
```

8) 双字节无符号数求平均值

说明：R0 为数据区首址；R1 为数据字总个数；R3(高)、R2(低)为平均值($a_1+a_2+\cdots+a_n$)/ $n$。

```
MEAM1: MOV     A,R1
       MOV     R7,A
       MOV     R2,#00H
       MOV     R3,#00H
       MOV     R4,#00H
LP0:   MOV     A,R2          ；求a1+a2+…+an
       ADD     A,@R0
       MOV     R2,A
       MOV     A,R3
       INC     R0
       ADDC    A,@R0
       MOV     R3,A
       MOV     A,R4
       ADDC    A,#00H
       MOV     R4, A
       INC     R0
       DJNZ    R7,LP0
       MOV     R5,#00H       ；除以n(双字节除单字节)
       MOV     R7,#18H
LOOP:  CLR     C
       MOV     A,R2
       RLC     A
       MOV     R2,A
       MOV     A,R3
       RLC     A
       MOV     R3,A
       MOV     A,R4
       RLC     A
       MOV     R4,A
       MOV     A,R5
       RLC     A
       MOV     R5,A
```

```
        CLR     C
        SUBB    A,R1        ;部分余数减除数
        JC      LP1
        MOV     R5,A        ;相减结果送余数寄存器
        INC     R2
LP1:    DJNZ    R7,LOOP
        RET
```

# 模块二　码制转换类程序设计

1）十六进制数转换成 ASCII 码

入口条件：R2 为高四位为 0000、低四位为 0000～1111 的一个十六进制数。

出口信息：R2 为相应的 ASCII 码。

```
HASC:   MOV     A,R2
        CLR     C
        ADD     A,#0F6H
        JNC     AD30H
        ADD     A,#07H
AD30H:  ADD     A,#30H
        MOV     R2,A
        RET
```

2）① ASCII 码转换成十六进制数（一）

入口条件：累加器 A 为 ASCII 码（30H～39H 或 41H～46H）。

出口信息：累加器 A 为十六进制数（00H～0FH）。

```
ASCH1:  CLR     C
        SUBB    A,#30H
        JNB     ACC.4,ASH1
        SUBB    A,#7
ASH1:   RET
```

② ASCII 码转换成十六进制数（二）

入口条件：累加器 R2 为 ASCII 码（30H～39H 或 41H～46H）。

出口信息：累加器 R2 为十六进制数（00H～0FH）。

```
ASCH2:  MOV     A,R2
        CLR     C
        SUBB    A,#30H
        MOV     R2, A
        SUBB    A,#0AH
        JC      RET1
        MOV     A,R2
```

```
        SUBB      A,＃07H
        MOV       R2, A
RET1:   RET
```

3）单字节十六进制数转换成双字节 ASCII 码

入口条件：累加器 A 为单字节十六进制数。

出口信息：累加器 A 为高四位的 ASCII 码；累加器 B 为低四位的 ASCII 码。

```
HASC:MOV       B,A          ;暂存待转换的单字节十六进制数
     LCALL     HAS1         ;转换低四位
     XCH       A,B          ;存放低四位的 ASCII 码
     SWAP      A            ;准备转换高四位
HAS1:ANL       A,＃0FH      ;将累加器 A 中的低四位转换成 ASCII 码
     ADD       A,＃90H
     DA        A
     ADDC      A,＃40H
     DA        A
     RET
```

4）ASCII 码转换成 BCD 码

说明：将 ASCII 码减去 30H，结果为 0～9，为所求 BCD 码；结果 0 或 10，结果单元送 0FFH。

入口条件：R2 为 ASCII 码。

出口信息：R3 的低四位为 BCD 码。

```
ASCIIBCD: MOV     A,R2
          CLR     C
          SUBB    A,＃30H
          MOV     R3,A
          JC      NOBCD
          SUBB    A,＃0AH
          JC      RET1
NOBCD:    MOV     R3,＃0FFH
RET1:     RET
```

5）多字节 BCD 码转换成 ASCII 码

入口条件：R0 为 BCD 码高位字节地址指针；R2 为字节数。

出口信息：R1 为 ASCII 码首地址指针。

```
BCDASC: MOV     A,@R0
        MOV     R3,A
        ANL     A,＃0F0H
        SWAP    A
        ADD     A,＃30H
        MOV     @R1,A
        INC     R1
```

```
        MOV     A,R3
        ANL     A,#0FH
        ADD     A,#30H
        MOV     @R1,A
        INC     R1
        INC     R0
        DJNZ    R2,BCDASC
        RET
```

6）单字节十六进制整数转换成单字节 BCD 码整数

入口条件：累加器 A 为单字节十六进制整数。

出口信息：累加器 A 为 BCD 码整数（十位和个位）；R3 为百位。

```
HBCD:MOV        B,#100          ;分离出百位,存放在 R3 中
     DIV        AB
     MOV        R3,A
     MOV        A,#10           ;继续分离十位和个位
     XCH        A,B
     DIV        AB
     SWAP       A
     ORL        A,B             ;将十位和个位拼装成 BCD 码
     RET
```

7）单字节 BCD 码转换成二进制数

说明：高位 BCD 码乘 10 加低位 BCD 码。

入口条件：R2 为 BCD 码。

出口信息：R2 为 8 位无符号二进制整数。

```
BCD2B: MOV      A,R2
       ANL      A,#0F0H
       SWAP     A
       MOV      B,#0AH
       MUL      AB
       MOV      R3,A
       MOV      A,R2
       ANL      A,#0FH
       ADD      A,R3
       MOV      R2,A
       RET
```

# 模块三 数据处理类程序设计

1) 单字节无符号数排序

说明:将一批数据以从小到大的次序排列。只有不发生交换时,排序才算结束,00H为发生交换的标志,R0存放该批数据的首址指针,R2存放字节数。

```
ROLE1: MOV    A,R0
       MOV    R1,A
       MOV    A,R2
       MOV    R5,A
       CLR    00H
       DEC    R5
       MOV    A,@R1
LP0:   MOV    R3,A
       INC    R1
       CLR    C
       MOV    A,@R1
       SUBB   A,R3
       JNC    LP1
       SETB   00H
       MOV    A,R3
       XCH    A,@R1
       DEC    R1
       XCH    A,@R1
       INC    R1
LP1:   MOV    A,@R1
       DJNZ   R5,LP0
       JB     00H,ROLE1
       RET
```

2) 找单字节无符号最大数

说明:从一批数据中找出最大数并存于首址指针所指向的单元。R0存放一批数据的首址指针;R2存放字节数。

```
MAX:   MOV    A,R0
       MOV    R1,A
       DEC    R2
       MOV    A,@R1
LP0:   MOV    R3,A
       INC    R1
       CLR    C
```

```
        SUBB    A,@R1
        JNC     LP1
        MOV     A,@R1
        SJMP    LP2
LP1:    MOV     A,R3
LP2:    DJNZ    R2,LP0
        MOV     @R0,A
        RET
```

3) 查表求 ASC 码

入口条件:R0 的低四位为一个 16 进制数(0~F)。

出口信息:R0 为 ASCII 码。

```
FINDASC: MOV     A,R0
         ANL     A,#0FH
         ADD     A,#02H
         MOVC    A,@A+PC
         MOV     R0,A
         RET
ASCTAB:  DB '0','1','2','3','4','5','6','7'
         DB '8','9','A','B','C','D','E','F'
```

4) 顺序查找 ROM 表格(单字节)

入口条件:30H 为待查找内容;R7 为表格字节数。

出口信息:OV=0 时,顺序号在 A 中;OV=1 时,表示未找到。

```
FINDROM: MOV     R2,#0          ;顺序号初始化(指向表首)
         MOV     A,R7
         MOV     R6,A
ME1:     MOV     A,R2
         MOV     DPTR,#TAB
         MOVC    A,@A+DPTR
         CJNE    A,30H,ME2
         CLR     OV
         MOV     A,R2
         SJMP    JSH
ME2:     INC     R2
         DJNZ    R6,ME1
         SETB    OV
JSH:     RET
TAB:     DB...
```

5) 顺序查找 ROM 表格(双字节)

入口条件:R4(高)、R5(低)为待查找内容在;R7 为数据总个数。

出口信息:OV=0 时,顺序号在 A 中;OV=1 时,表示未找到。

```
FINDDROM: MOV     A,R7
          MOV     R6,A
          MOV     R2,#0
          MOV     DPTR,#TAB
MN1:      CLR A
          MOVC    A,@A+DPTR
          XRL     A,R4
          JNZ     MN2
          MOV     A,#1
          MOVC    A,@A+DPTR
          XRL     A,R5
          JNZ     MN2
          CLR     OV
          MOV     A,R2
          SJMP    JSH
MN2:      INC     DPTR
          INC     DPTR
          INC     R2
          DJNZ    R6,MN1
          SETB    OV
JSH:      RET
TAB:      DB ...
```

6）程序判断滤波

说明：程序判断滤波法是先确定两次采样可能出现的最大偏差，由经验判定，本例中取01H。若偏差大于该值就应去掉；若小于该值视为正常偏差，保留本次采样值。这种方法适用于消除尖峰干扰，如电机启动时造成的电网尖峰脉冲等。

入口条件：20H单元为本次采样值；21H单元为上次采样值。

出口信息：22H单元为结果。

```
PJFILT: MOV A,20H           ;yn→A
        CLR C
        SUBB A,21H          ;求 yn-yn-1
        JNC PJF0            ;yn-yn-1≥0 则跳转
        CPL A               ;yn-yn-1<0 则求补
        ADD A,#01H
PJF0:   CLR C
        CJNE A,#01H,PJF2    ;判断 yn-yn-1是否大于等于 Δy
PJF1:   MOV 22H,20H         ;保存本次采样值
        JMP PJF3
PJF2:   JC PJF1             ;小于 Δy,则转向 PJF1
        MOV 22H,21H         ;大于 Δy,则应用上次采样值
```

```
PJF3:    RET
```

7）中位值滤波

说明：中位值滤波法是对某一被测参数连续采样 $N$ 次（一般 $N$ 取奇数），然后把 $N$ 次采样值按大小排列，取中值为本次采样值。中位值滤波能有效地克服因偶然因素引起的波动干扰，对温度、液位等变化缓慢的被测参数采用此办法能收到良好的滤波效果。该算法的采样次数常为 3 次或 5 次，本例中取 3 次。

入口条件：R2、R3、R4 为 3 次采样值。

出口信息：R2、R3、R4 为 3 个数据，其中 R3 为中值。

```
MFILT3:MOV A,R2          ;判断 R2 是否小于 R3
       CLR C
       SUBB A,R3
       JC MFIL1
       MOV A,R2          ;R2>R3 时，交换 R2，R3
       XCH A,R3
       MOV R2,A
MFIL1: MOV A,R3          ;判断 R3 是否小于 R4 否？
       CLR C
       SUBB A,R4
       JC MFIL2          ;R3<R4 时，排序结束
       MOV A,R4          ;R3>R4 时，交换 R3、R4
       XCH A,R3
       MOV R4,A
       MOV A,R3          ;判断 R3 是否大于 R2
       CLR C
       SUBB A,R2
       JNC MFIL2         ;R3>R2 时，排序结束
       MOV A,R2          ;R3<R2 时，中值送 R3 中
       MOV R3,A
MFIL2: RET
```

# 第三单元　MCS－51单片机典型接口实验

## 模块一　P1口实验

### 一、知识点

MCS－51单片机的并行I/O口，延时程序的实现方法，发光二极管(简称LED)的驱动。

### 二、知识点分析

MCS－51单片机内部的4个并行I/O口P0～P3，除了都具有通用的I/O功能外，还具有各自不同的其他功能，电路结构的形式也各不一样。其中，P0口作为低8位地址总线和数据总线的分时复用总线；P2口作为高8位地址总线；P3口除了通用的I/O功能外，还具有重要的第二功能，即控制功能(第一功能为通用的I/O功能)；P1口是真正意义上的I/O口。P0～P3口在做I/O输入操作前，应先向端口写“1”，否则外部数据可能无法正确地从端口输入。延时程序的实现通常有两种方法：一是用定时器中断来实现；二是用指令循环来实现。使普通发光二极管点亮的正偏电流为5～15 mA，这是我们设计LED驱动电路的依据。

### 三、实践训练

1）实验目的

(1) 学习P1口的使用方法；

(2) 学习延时子程序的编写和使用。

2）实验设备

PC机，XZNU MCUS－Ⅰ单片机实验箱1台，伟福V8/L型仿真器1台。

3）实验内容及说明

P1口做输出口，接8个发光二极管；编写程序，使发光二极管循环点亮。

本实验采用指令循环来实现延时，设系统晶振为12 MHz，则一个机器周期为1 μs，现要写一个延时0.1 s的子程序，采用双重循环方法写出的程序如下：

```
      MOV R7,#200
DE1:  MOV R6,#X
DE2:  DJNZ R6,DE2
      DJNZ R7,DE1
```

程序中 MOV、DJNZ 指令分别为单周期和双周期指令，$X$ 值满足方程 $1+(1+2X+2)\times 200=100000$，解得 $X\approx 249$，经计算实际延时 0.100201s，已经很精确了。

4）实验电路及连线

P1 口实验电路原理图如图 3.1 所示。使用专用连接导线，将接插件 J41、J42、J43 与 J1 的插孔按照顺序连接。

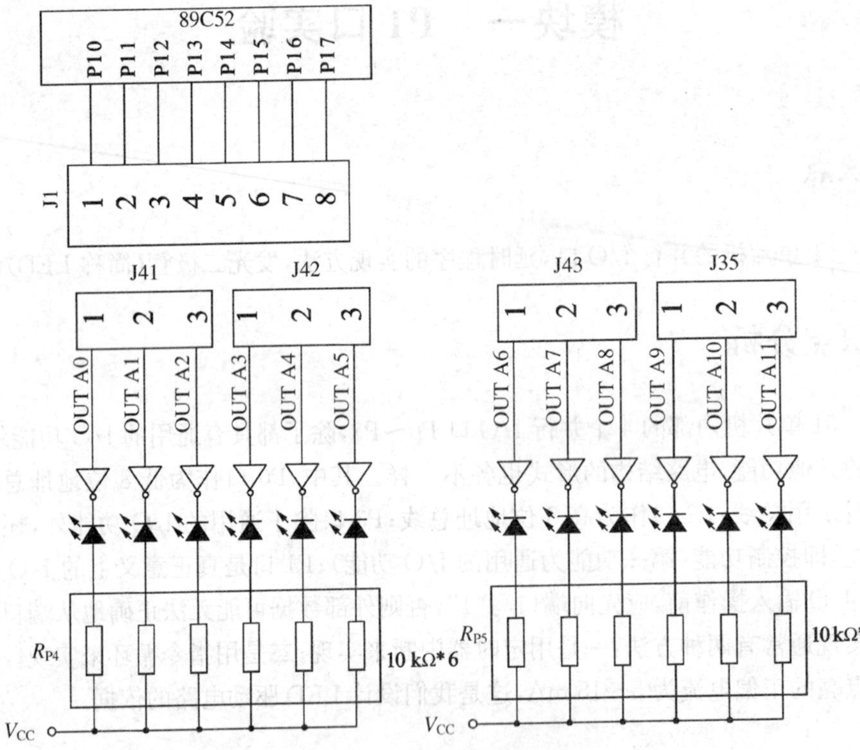


**图 3.1　P1 口实验电路原理图**

5）程序设计

(1) 流程图

发光二极管循环点亮的程序流程图如图 3.2 所示。

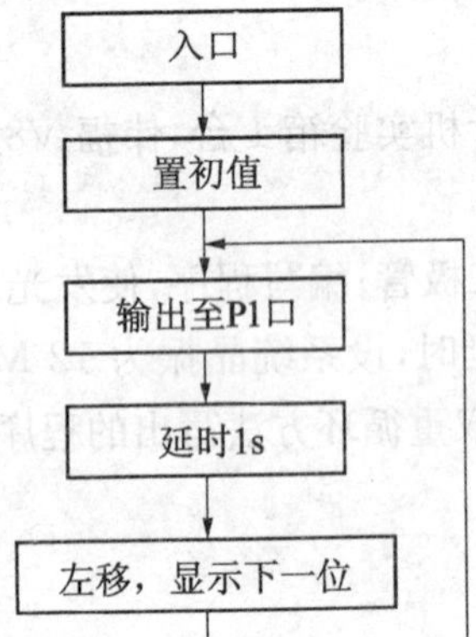


**图 3.2　程序流程图**

(2) 参考程序

```
        ORG     0000H
        LJMP    START
        ORG     0030H
START:  MOV     A,#01H          ;点亮第一个发光二极管
LOOP:   MOV     P1,A
        MOV     R5,#10          ;延时 1s
DEL1:   MOV     R6,#200
DEL2:   MOV     R7,#249
DEL3:   DJNZ    R7,DEL3
        DJNZ    R6,DEL2
        DJNZ    R5,DEL1
        RL      A               ;左移一位,点亮下一个发光二极管
        LJMP    LOOP
        END
```

6) 思考题

(1) 将一个开关接至单片机的 P3.0 作为输入控制信号,分别进行 LED 的"循环左移"和"循环右移"控制,如何实现?

(2) 总结实验过程中所遇到的问题与解决的办法。

# 模块二　简单 I/O 接口扩展实验

## 一、知识点

单片机常用 I/O 接口扩展的方法,单片机对外围扩展电路的操作。

## 二、知识点分析

单片机常用 I/O 接口扩展的方法有 3 种:简单 I/O 接口扩展、可编程并行 I/O 接口扩展和串行口并行 I/O 接口扩展。简单 I/O 接口扩展通常通过数据缓冲器和锁存器实现,其结构简单、价格低廉。MCS-51 单片机的片外数据存储器和外围扩展电路统一编址,对它们的访问都是通过 MOVX 指令实现的,MOVX 指令与 MOV 指令有着本质上的区别。

## 三、实践训练

1) 实验目的

(1) 学习在单片机系统中扩展简单 I/O 接口的方法;

(2) 学习数据输入、输出程序的编制方法。

2) 实验设备

PC 机,XZNU MCUS－Ⅰ单片机实验箱 1 台,伟福 V8/L 型仿真器 1 台。

3) 实验内容及说明

将 74LS244 作为输入口,读取开关状态,并将此状态通过发光二极管显示出来。

按照“输入三态,输出锁存”与总线相连的原则,选择 74LS 系列的 TTL 电路或 MOS 电路即能组成单片机系统简单的扩展 I/O 接口。本实验采用 8 位三态缓冲器 74LS244 组成输入口,采用 8D 锁存器 74LS273 组成输出口。

程序中增加了一段延时程序,以降低数据总线口读写的频繁程度。延时时间很短,不影响显示的稳定性。

4) 实验电路及连线

简单 I/O 接口扩展实验电路原理图如图 3.3 所示。使用专用连接导线,将接插件 J28 与 J26 的插孔按照顺序连接构成输入口通路,J61 的 CSI1 端接 J29 的第 1 插孔;将 J41、J42、J43 与 J24 的插孔按照顺序连接构成输出口通路,J61 的 CSO1 端接 J29 的第 2 插孔。

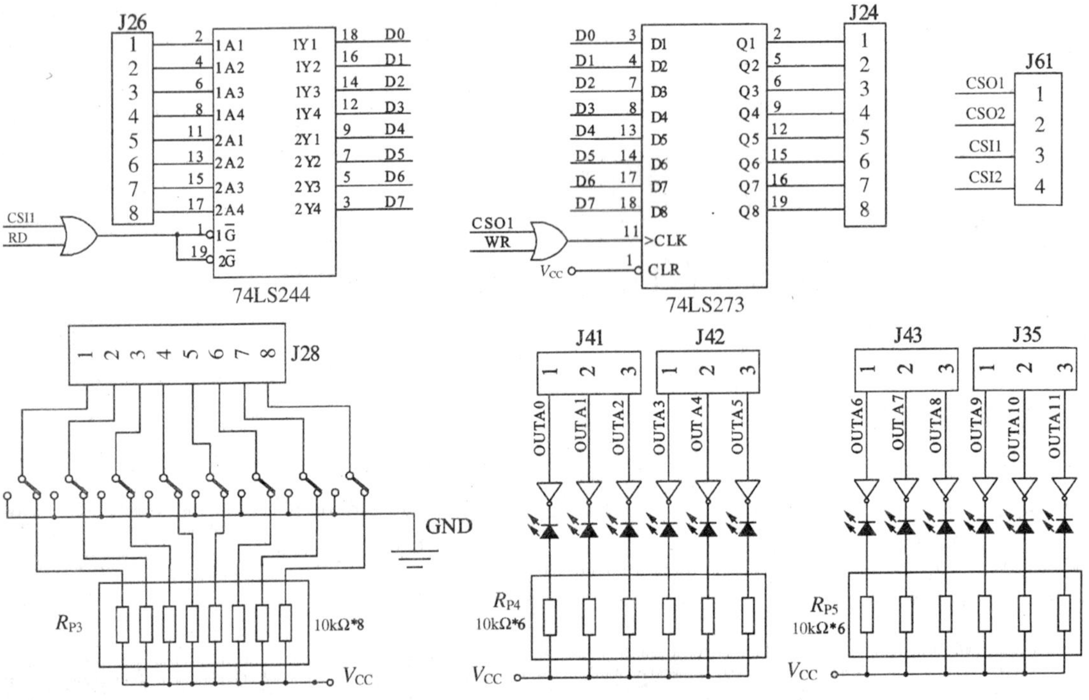


**图 3.3　简单 I/O 口扩展实验电路原理图**

5) 程序设计

(1) 流程图

开关状态输入、输出的程序流程图如图 3.4 所示。

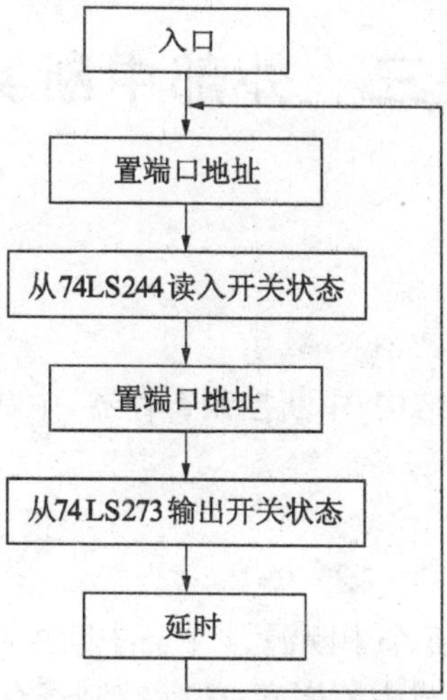


**图 3.4　开关状态输入、输出的程序流程图**

(2) 参考程序

```
        ORG     0000H
        LJMP    STAR
        ORG     0050H
STAR:   MOV     P2,#00H         ;0000H 为 74LS244 端口地址
        MOV     R0, #00H
        MOVX    A,@R0           ;通过 74LS244 输入开关状态
        MOV     P2,#08H         ;0800H 为 74LS273 端口地址
        MOV     R1, #00H
        MOVX    @R1,A           ;通过 74LS273 输出开关状态
        MOV     R7,#40          ;延时
DEL0:   MOV     R6,#250
DEL1:   DJNZ    R6,DEL1
        DJNZ    R7,DEL0
        LJMP    STAR            ;循环
        END
```

6) 思考题

(1) 掌握简单 I/O 接口电路在单片机系统扩展中的方法。

(2) 总结实验过程中所遇到的问题与解决的办法。

# 模块三　外部中断实验

## 一、知识点

MCS－51 单片机的中断系统结构，中断控制寄存器，中断矢量地址，中断响应过程。

## 二、知识点分析

51 系列单片机的中断系统由 5 个中断源、4 个与中断控制相关的特殊功能寄存器构成。5 个中断源有两个中断优先级，可形成中断嵌套；中断控制寄存器可以设置中断的允许与禁止、中断优先级的高低、外部中断的触发方式等。5 个中断源的中断矢量地址固定，具体参见表 3.1。不同中断源的中断响应过程有其自身特点，使用时应注意区别。

**表 3.1　MCS－51 中断矢量表**

| MCS－51 的中断源 | 矢量单元(入口地址) |
|---|---|
| 外部中断 0(/INT0) | 0003H |
| 定时器 0(T0) | 000BH |
| 外部中断 1(/INT1) | 0013H |
| 定时器 1(T1) | 001BH |
| 串行口(TxD、RxD) | 0023H |

## 三、实践训练

1) 实验目的

(1) 掌握 MCS－51 单片机的中断原理；

(2) 掌握 MCS－51 单片机多中断源的使用方法与编程方法。

2) 实验设备

PC 机，XZNU MCUS－Ⅰ单片机实验箱 1 台，伟福 V8/L 型仿真器 1 台。

3) 实验内容及说明

外部中断 0、中断 1 同时存在，主程序使 P1 端口所接的 8 个 LED 灯闪烁。按开关 K1，产生外部中断 0 时，一个 LED 灯左右移 3 次；按开关 K2，产生中断 1 时，两个 LED 灯左右移 4 次。外部中断处理之后，8 个 LED 灯恢复闪烁。

外部中断 0、中断 1 均设置为下降沿触发方式，外部中断 1 设置为高优先级，中断 0 设置为低优先级。

4) 实验电路及连线

外部中断实验电路原理图如图 3.5 所示。使用专用连接导线，将接插件 J41、J42、J43 与 J1 的插孔按照顺序连接。外部中断开关 K1、K2 可用实验箱上的电平开关模拟，实验时用连接导线将J28的2个插孔与J4的INT0端、INT1端对应连接，初始时电平开关置高电平。

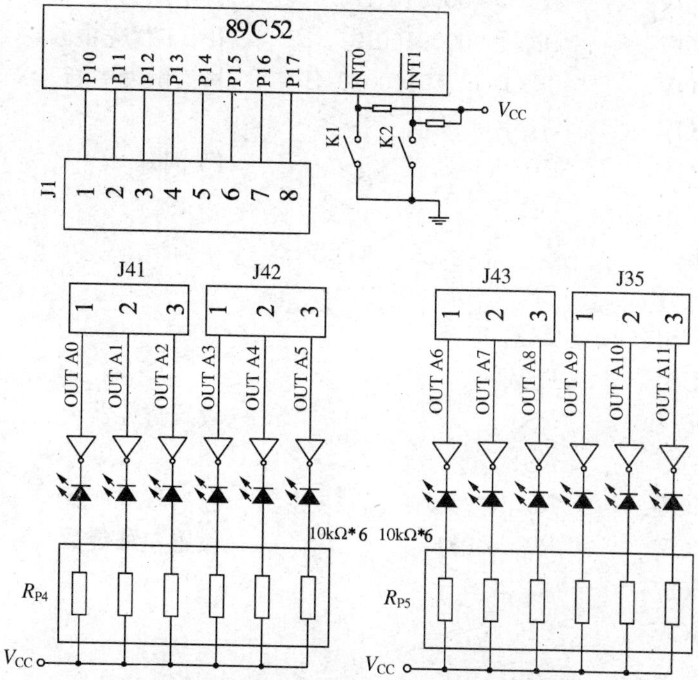


**图3.5　外部中断实验电路原理图**

5）程序设计

（1）流程图

本实验主程序流程及中断服务程序流程如图3.6所示。

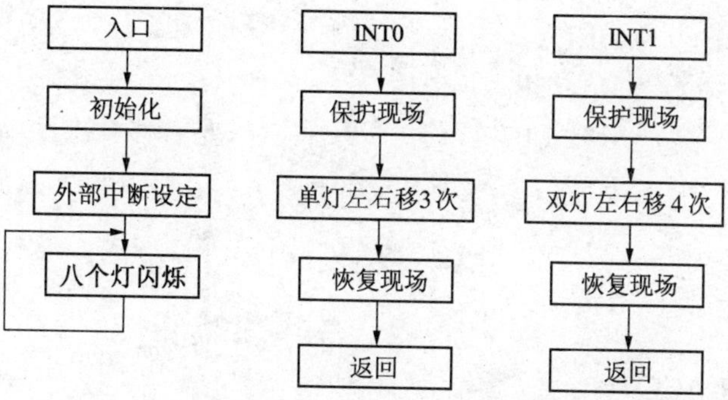


**图3.6　主程序流程图及中断服务程序流程图**

（2）参考程序

```
        ORG     0000H
        LJMP    START
        ORG     0003H
        LJMP    INT_0
        ORG     0013H
        LJMP    INT_1
        ORG     0050H
```

```
START:MOV    SP, #60H
      MOV    IE, #10000101B        ;开中断
      MOV    IP, #00000100B        ;INT1 优先中断
      MOV    TCON, #00000101B      ;边沿触发中断
      MOV    A, #00H
LP:   MOV    P1, A                 ;P1 闪烁
      LCALL  DELY
      CPL    A
      SJMP   LP
INT_0: PUSH  ACC
      PUSH   PSW
      SETB   RS0                   ;设置寄存器组 1
      CLR    RS1
      MOV    R3, #03H              ;左右移 3 次
LP0:  MOV    R0, #08H              ;设置左移位数
      MOV    A, #01H
LP1:  MOV    P1, A
      LCALL  DELY
      RL     A
      DJNZ   R0, LP1               ;判断移动位数
      MOV    R0 ,#07H              ;设置右移位数
LP2:  RR     A
      MOV    P1, A
      LCALL  DELY
      DJNZ   R0, LP2
      DJNZ   R3, LP0               ;左右移 3 次
      POP    PSW
      POP    ACC
      CLR    IE0
      RETI
INT_1: PUSH ACC
      PUSH   PSW
      SETB   RS1                   ;设置寄存器组 2
      CLR    RS0
      MOV    R4, #04H              ;左右移 4 次
LP3:  MOV    R0, #07H              ;设置左移位数
      MOV    A, #03H
LP4:  MOV    P1, A
      LCALL  DELY
      RL     A
```

```
        DJNZ    R0，LP4
        MOV     R0 ，#06H          ;设置右移位数
LP5：   RR      A
        MOV     P1，A
        LCALL   DELY
        DJNZ    R0，LP5
        DJNZ    R4，LP3
        POP     PSW
        POP     ACC
        CLR     IE1
        RETI
DELY：  MOV     R5，#3             ;延时 0.3s 子程序
DELY1： MOV     R6，#200
DELY2： MOV     R7，#249
        DJNZ    R7，$
        DJNZ    R6,DELY2
        DJNZ    R5,DELY1
        RET
        END
```

6）思考题

(1) 51 系列单片机外部中断源的扩展方法有哪些？如何实现？

(2) 总结实验过程中所遇到的问题与解决的办法。

# 模块四　定时器实验

## 一、知识点

MCS－51 单片机定时/计数器的 4 种工作模式，模式控制寄存器 TMOD，控制寄存器 TCON。

## 二、知识点分析

MCS－51 单片机定时/计数器按计数器的组成不同，可分为 4 种工作模式。模式 0：13 位计数方式，相当于有 5 位预分频的 8 位计数方式；模式 1：16 位计数方式；模式 2：计数常数可自动重装的 8 位计数方式；模式 3：两个 8 位计数器与波特率发生器方式。

TMOD 命令格式如下：

| D7 | D6 | D5 | D4 | D3 | D2 | D1 | D0 |
|---|---|---|---|---|---|---|---|
| GATE | C/$\overline{T}$ | M1 | M0 | GATE | C/$\overline{T}$ | M1 | M0 |
| T1 | | | | T0 | | | |

GATE：门控位。GATE=1 时，只有$\overline{INTi}$信号为高电平且 TRi=1 时，定时/计数器才开始工作；GATE=0 时，只要 TRi=1，定时/计数器就开始工作，与$\overline{INTi}$信号无关。

C/$\overline{T}$：计数、定时方式选择位。C/$\overline{T}$=1 时，设定为计数方式，计数脉冲来自外部；C/$\overline{T}$=0 时，设定为定时方式，对内部振荡时钟 12 分频脉冲计数。

M1、M0：工作模式控制位，设定定时/计数器的 4 种工作模式。

TCON 命令格式如下：

| D7 | D6 | D5 | D4 | D3 | D2 | D1 | D0 |
|---|---|---|---|---|---|---|---|
| TF1 | TR1 | TF0 | TR0 | IE1 | IT1 | IE0 | IT0 |

TFi：计数器溢出标志位，计数溢出时该位由硬件置 1 并申请中断，进入中断服务程序后由硬件自动清零。

TRi：计数器运行控制位，由软件置 1 和清零。置 1 时，定时/计数器开始工作；清零时停止工作。

IEi：外中断请求标志位。置 1 时，表示有中断请求，中断响应后自动清零。

ITi：外中断触发方式选择位。ITi=1 时，为下降沿触发中断；ITi=0 时，为低电平触发中断。

## 三、实践训练

1）实验目的

(1) 学习 MCS-51 单片机内部定时器的使用和编程方法；

(2) 掌握 MCS-51 单片机中断处理程序的编程方法。

2）实验设备

PC 机，XZNU MCUS-I 单片机实验箱 1 台，伟福 V8/L 型仿真器 1 台。

3）实验内容及说明

MCS-51 单片机 P1 口的 P1.0～P1.7 分别接八个发光二极管 L1～L8，要求编写程序模拟一时序控制装置：开机后第一秒钟 L1、L3 亮，第二秒钟 L2、L4 亮，第三秒钟 L5、L7 亮，第四秒钟 L6、L8 亮，第五秒钟 L1、L3、L5、L7 亮，第六秒钟 L2、L4 、L6、L8 亮，第七秒钟八个二极管全亮，第八秒钟二极管全灭，然后又从头开始，如此周而复始。

设 MCS-51 单片机内部定时器 1 按照方式 1 工作，每 50 ms 溢出中断一次，实验中系统晶振为 12MHz，定时时间常数 Tc 满足方程$(2^{16}-Tc)\times 1=50\ 000$，解得 Tc=15 536，化为十六进制为 3CB0H，故初始值 TH1=3CH，TL1=0B0H。CPU 响应中断后将中断次数计数器 R0 减 1，令(R0)=14H，即可实现 1s 延时。

中断服务程序除了要完成计数器减 1 工作外，还要将时间常数重新送入定时器，为下一次中断做准备；主程序则用来控制发光二极管按要求顺序亮灭。

4）实验电路及连线

定时器实验电路原理图如图 3.7 所示。使用专用连接导线，将接插件 J41、J42、J43 与 J1 的插孔按照顺序连接。

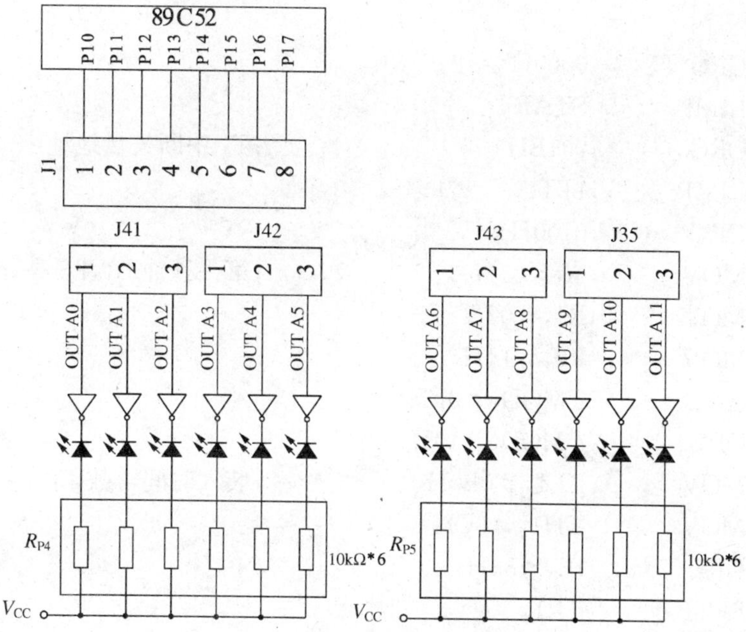


图 3.7　定时器实验电路原理图

5）程序设计

（1）流程图

定时器实验主程序流程图如图 3.8 所示。

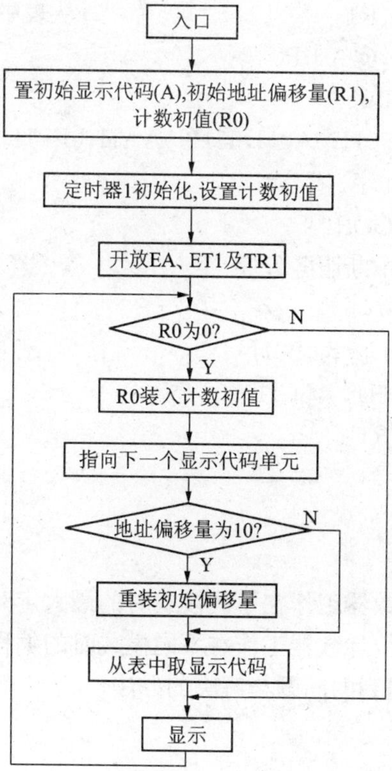


图 3.8　定时器实验主程序流程图

(2) 参考程序

```
        ORG     0000H
        LJMP    START
        ORG     001BH               ;T1 中断矢量地址
        LJMP    ITT1
        ORG     0100H
START:  MOV     A,#05H              ;第一秒钟 L1、L3 亮,故 A 中置 05H
        MOV     R1,#02H
        MOV     R0,#14H
        ANL     TMOD,#0FH
        ORL     TMOD,#10H
        MOV     TL1,#0B0H           ;装入时间常数,50 ms 中断一次
        MOV     TH1,#3CH
        ORL     IE,#88H
        SETB    TR1
LOOP1:  CJNE    R0,#0,DISP
        MOV     R0,#14H
        INC     R1                  ;表地址偏移量加 1
        CJNE    R1,#0AH,LOOP2
        MOV     R1,#02H
LOOP2:  MOV     A,R1                ;从表中取显示代码
        MOVC    A,@A+PC
        SJMP    DISP
        DB 05H,0AH,50H,0A0H,55H,0AAH,0FFH,00H
DISP:   MOV     P1,A
        JMP     LOOP1
ITT1:   CLR TR1 ;中断服务程序
        DEC     R0
        MOV     TL1,#0B0H
        MOV     TH1,#3CH
        SETB    TR1
        RETI
        END
```

6) 思考题

(1) 单片机内部定时/计数器工作在不同模式时的最大定时时间分别是多少?

(2) 总结单片机内部定时/计数器工作在不同模式时的编程技巧。

(3) 总结实验过程中所遇到的问题与解决的办法。

# 模块五　电脑时钟实验

## 一、知识点

LED七段显示器，动态扫描显示的工作原理，单片机控制电子钟走时的原理。

## 二、知识点分析

LED七段显示器俗称数码管，是单片机应用系统中最常用的显示器，可以显示数字、字符，其驱动电路简单，价格低廉。LED数码管在显示时通常有两种显示方式：静态显示方式和动态扫描显示方式。动态扫描显示就是一位一位地轮流点亮显示器各个位（扫描），通过人眼的视觉暂留效应，获得视觉稳定的显示状态。单片机控制电子钟走时是利用其内部定时器的定时中断，在中断服务程序中每定时1 s按计时进位规则刷新显示缓冲区数据，主程序负责将显示缓冲区数据送显示器显示。

## 三、实践训练

1）实验目的

（1）进一步掌握定时器的使用和编程方法；

（2）熟悉七段数码管显示数字的原理；

（3）掌握LED显示器动态扫描显示原理及控制技术。

2）实验设备

PC机，XZNU MCUS-Ⅰ单片机实验箱1台，伟福V8/L型仿真器1台。

3）实验内容及说明

利用MCS-51单片机内部定时器1的定时中断，控制电子钟走时，用六个LED数码管显示分、秒，做成一个电脑时钟。

显示格式：

| | | | | | |
|---|---|---|---|---|---|
| X | X | - | - | X | X |

分　　　　　　秒

由于用到六个LED数码管，用静态显示所需I/O口线太多，故选用动态扫描显示。本实验用一个8D锁存器74LS273作段数据口，用另一个74LS273作位数据口。

4）实验电路及连线

电脑时钟实验电路原理图如图3.9所示。使用专用连接导线，将接插件J24与J9的插孔按照顺序连接构成段数据通路，CSO1端接J29的第1插孔；将J25与J13的插孔按照顺序连接构成位数据通路，CSO2端接J29的第2插孔。开关SW01、SW02合上，开关S3、S4断开。

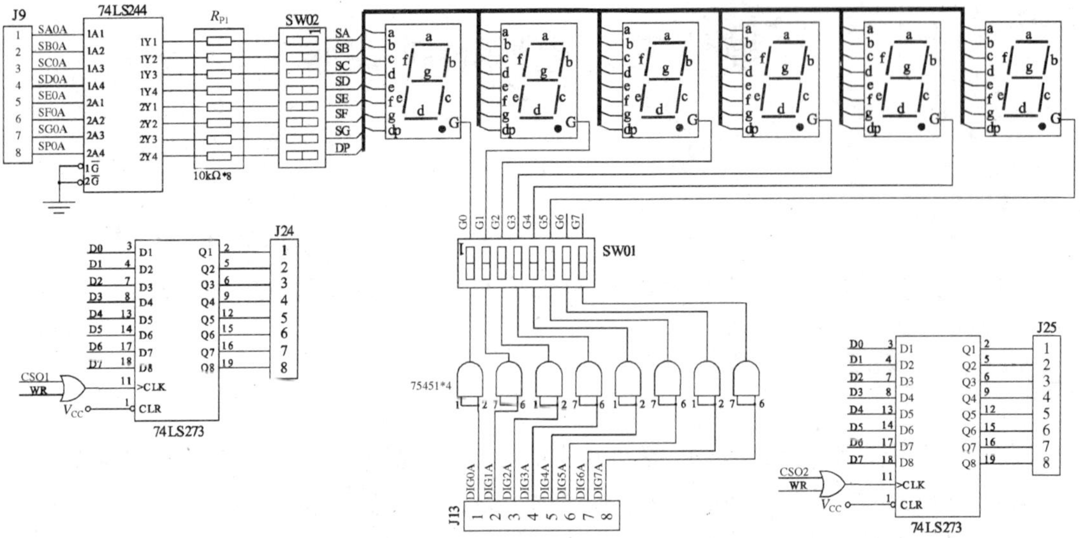


图 3.9　电脑时钟实验电路原理图

5）程序设计

（1）流程图

电脑时钟实验的主程序流程如图 3.10 所示，中断服务程序流程如图 3.11 所示。

（2）参考程序

```
        CNT     EQU     23H
        SBF     EQU     22H
        MBF     EQU     21H
        PORT1   EQU     0000H
        PORT2   EQU     0800H
        ORG     0000H
        LJMP    MAIN
        ORG     001BH
        LJMP    CLOCK
        ORG     0200H
MAIN：  MOV     R0，#40H                ;显示缓冲单元40H～45H初始化
        MOV     A，#00H
        MOV     @R0，A
        INC     R0
        MOV     @R0，A
        INC     R0
        MOV     A，#0AH
        MOV     @R0，A
        INC     R0
        MOV     @R0，A
```

```
         MOV     A,#00H
         INC     R0
         MOV     @R0,A
         INC     R0
         MOV     @R0,A
         ANL     TMOD,#0FH
         ORL     TMOD,#10H
         MOV     TL1,#0B0H            ;置时间常数,定时 50ms
         MOV     TH1,#3CH
         MOV     CNT,#00H
         MOV     SBF,#00H
         MOV     MBF,#00H
         SETB    ET1
         SETB    EA
         SETB    TR1
DS1:     MOV     R0,#40H              ;置显示缓冲单元首址
         MOV     R2,#0DFH             ;置位控码初值
DS2:     MOV     DPTR,#PORT1          ;动态扫描
         MOV     A,@R0
         LCALL   TABLE
         MOVX    @DPTR,A
         MOV     DPTR,#PORT2
         MOV     A,R2
         MOVX    @DPTR,A
         MOV     R3,#0FFH
         DJNZ    R3,$
         INC     R0
         MOV     A,R2
         JNB     ACC.0,JP
         RR      A
         MOV     R2,A
         SJMP    DS2
JP:      MOV     R0,#45H              ;把秒单元值送显示缓冲单元 44H、45H
         MOV     A,SBF
         LCALL   GET
         DEC     R0
         DEC     R0
         MOV     A,MBF                ;把分单元值送显示缓冲单元 40H、41H
```

```
        LCALL   GET
        SJMP    DS1
TABLE:  INC     A               ;取数字对应的段码
        MOVC    A,@A+PC
        RET
        DB      3FH
        DB      06H
        DB      5BH
        DB      4FH
        DB      66H
        DB      6DH
        DB      7DH
        DB      07H
        DB      7FH
        DB      6FH
        DB      40H
GET:    MOV     R1,A
        ANL     A,#0FH
        MOV     @R0,A
        DEC     R0
        MOV     A,R1
        SWAP    A
        ANL     A,#0FH
        MOV     @R0,A
        DEC     R0
        RET
CLOCK:  MOV     TL1,#0B0H       ;重置时间常数
        MOV     TH1,#3CH
        PUSH    PSW
        PUSH    ACC
        INC     CNT
        MOV     A,CNT
        CJNE    A,#14H,QUIT
        MOV     CNT,#00H        ;计数到 20,计数单元清零,秒单元
加 1
        MOV     A,SBF
        INC     A
        DA      A
```

```
        MOV     SBF,A
        CJNE    A,#60H,QUIT
        MOV     SBF,#00H        ;计数到60,秒单元清零,分单元加1
        MOV     A,MBF
        INC     A
        DA      A
        MOV     MBF,A
        CJNE    A,#60H,QUIT
        MOV     MBF,#00H        ;分单元值计数到60,分单元清零
QUIT:   POP     ACC
        POP     PSW
        RETI
        END
```

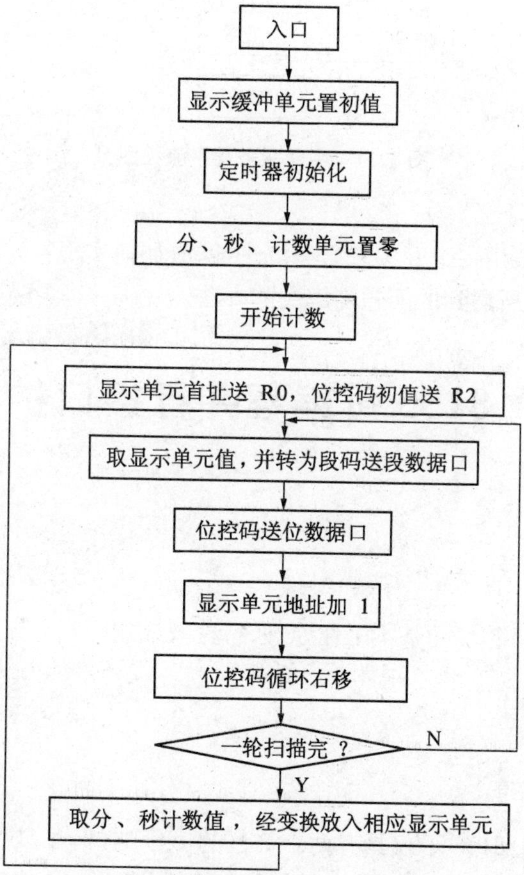


图 3.10　电脑时钟实验主程序流程图

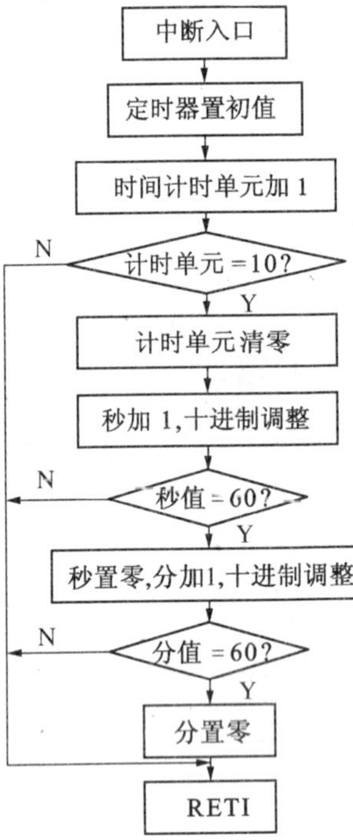


**图 3.11　中断服务程序流程图**

6）思考题

(1) 上述实验中,如果用一个开关来启停电子钟,应如何实现?

(2) 总结实验过程中所遇到的问题与解决的办法。

# 模块六　8155 可编程并行接口扩展实验

## 一、知识点

8155 可编程并行接口芯片的基本工作原理、特性及应用,8155 与 MCS－51 单片机接口的方法。

## 二、知识点分析

可编程并行接口芯片 8155 不仅具有两个 8 位的 I/O 端口(A 口和 B 口)和一个 6 位的 I/O 端口(C 口),而且可以提供 256B 的静态 RAM 存储器和一个 14 位的定时/计数器。8155 和 MCS－51 单片机的接口非常简单,不需要增加任何硬件逻辑。8155 作扩展 I/O 口使用时,其 $IO/\overline{M}$ 脚必须接高电平,I/O 口工作方式的选择完全依靠 8155 命令寄存器中设定的命令字来实现。

# 三、实践训练

1）实验目的

（1）了解 8155 可编程并行接口芯片的基本工作原理、特性及应用；

（2）掌握 MCS－51 单片机与 8155 的接口方法；

（3）掌握动态显示程序设计方法。

2）实验设备

PC 机，XZNU MCUS－I 单片机实验箱 1 台，伟福 V8/L 型仿真器 1 台。

3）实验内容及说明

编写控制程序，要求从显示器的第一位开始显示某一个字符，并左移循环显示。

本实验用 8155 的 PA 口作为位数据口，PB 口作为 LED 显示器的段数据口。8155 PA 口扫描输出总是只有 1 位为低电平，则 8155 PB 口输出相应位显示字符的段数据。依次改变 PA 口电位，PB 口输出对应的段数据，使显示器显示出相应字符。

4）实验电路及连线

8155 可编程并行接口扩展实验电路原理图如图 3.12 所示。使用专用连接导线，将接插件 J23 与 J13 的插孔按照顺序连接，CS8155 端接 J2 的第 1 插孔；将 J22 与 J9 的插孔按照顺序连接，IO/M 端接 J2 的第 2 插孔。开关 SW01、SW02 合上，开关 S3 断开。

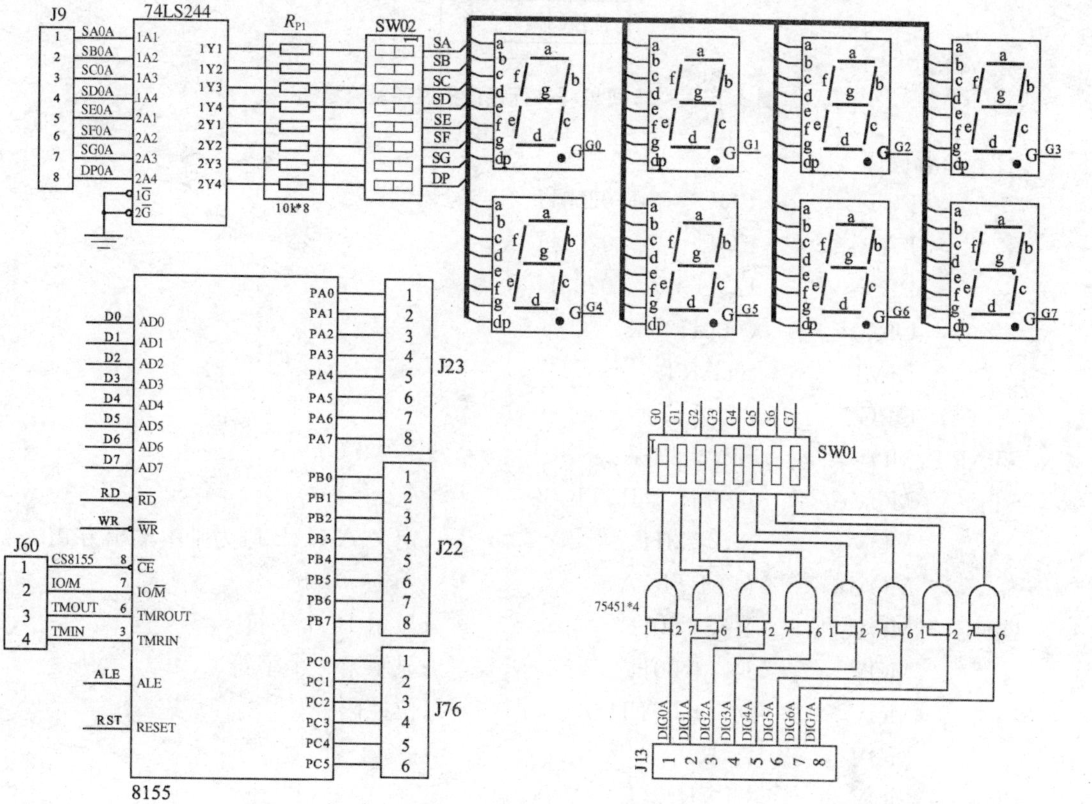


**图 3.12　8155 可编程并行接口扩展实验电路原理图**

5）程序设计

（1）流程图

本实验程序流程图如图 3.13 所示。

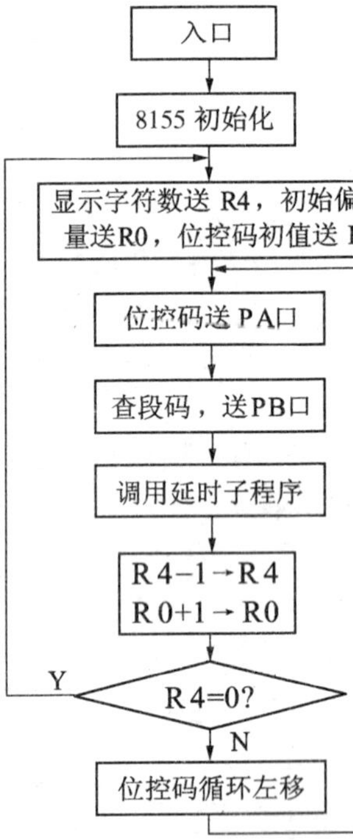


**图 3.13　8155 可编程并行接口扩展实验流程图**

（2）参考程序

```
        PCTL    EQU     0200H
        PA      EQU     0201H
        PB      EQU     0202H
        ORG     0000H
        LJMP    START
        ORG     0100H
START:  MOV     SP,#60H
ST:     MOV     DPTR,#PCTL
        MOV     A,#03H          ;定义 A 口、B 口为基本输出方式
        MOVX    @DPTR,A
DIR:    MOV     R4,#10H         ;显示 16 个字符
        MOV     R0,#00H         ;显示第一个字符
        MOV     R3,#0FEH        ;位控码
        MOV     A,R3
LD0:    MOV     DPTR,#PA
        MOVX    @DPTR,A
        MOV     A,R0
```

```
        ADD     A,#11H
        MOVC    A,@A+PC             ;查段码
        MOV     DPTR,#PB
        MOVX    @DPTR,A
        LCALL   DIMS
        INC     R0
        DEC     R4
        MOV     A,R4
        JZ      DIR
        MOV     A,R3
        RL      A
        MOV     R3,A
        SJMP    LD0
        DB 3FH,06H,5BH,4FH,66H,6DH  ;字符段码表
        DB 7DH,07H,7FH,6FH,77H,7CH
        DB 39H,5EH,79H,71H
DIMS:   MOV     R5,#10
DL2:    MOV     R6,#200
DL1:    MOV     R7,#250
DL0:    DJNZ    R7,DL0
        DJNZ    R6,DL1
        DJNZ    R5,DL2
        RET
        END
```

6）思考题

（1）修改程序中偏移量，观察显示字形如何变化？

（2）LED 显示器亮度是静态显示时亮还是动态扫描显示时亮？

（3）总结实验过程中所遇到的问题与解决的办法。

# 模块七　按键识别与显示实验

## 一、知识点

8155 可编程并行接口芯片的特性与使用，矩阵式键盘的工作原理，LED 静态显示方式。

## 二、知识点分析

可编程并行接口芯片 8155 是单片机系统中最常用的外围接口芯片之一。矩阵式键盘按

键的识别，通常采用行扫描法或行反转法。行扫描法是使键盘上某一行(列)线为低电平，而其他行(列)接高电平，然后读取列(行)值，如所读列(行)值中某位为低电平，表明有键按下，否则扫描下一行(列)，直到扫描完所有行(列)，本实验参考程序即采用行扫描法。静态显示方式下，每位 LED 数码管的段选线与一个 8 位并行口相连，数码管的公共端接地或接+5 V 电源。

## 三、实践训练

1) 实验目的

(1) 熟悉 MCS-51 单片机对 LED 的显示原理及编程方法；

(2) 了解键盘电路的工作原理；

(3) 掌握键盘接口电路的编程方法。

2) 实验设备

PC 机，XZNU MCUS-Ⅰ单片机实验箱 1 台，伟福 V8/L 型仿真器 1 台。

3) 实验内容及说明

利用 8155 可编程并行接口芯片和矩阵式键盘编写程序，做到在键盘上每按一个数字键(0—9)，即有一位 LED 数码管将其显示出来。

实验中将 8155 的 PA 口接矩阵式键盘的列线，PC 口接矩阵式键盘的行线；一位 LED 数码管采用静态显示方式，即将共阴极数码管的公共端接地。

4) 实验电路及连线

按键识别与显示实验电路原理图如图 3.14 所示。使用专用连接导线，将接插件 J15 与 J23 的插孔按照顺序连接，J33 与 J76 的第 1、2 插孔对应相接，CS8155 端接 J2 的第 1 插孔；将 J22 与 J9 的插孔按照顺序连接，IO/M 端接 J2 的第 2 插孔；接插件 J8 的某一插孔接地；开关 SW02 合上，开关 S4、S5、S6 断开。

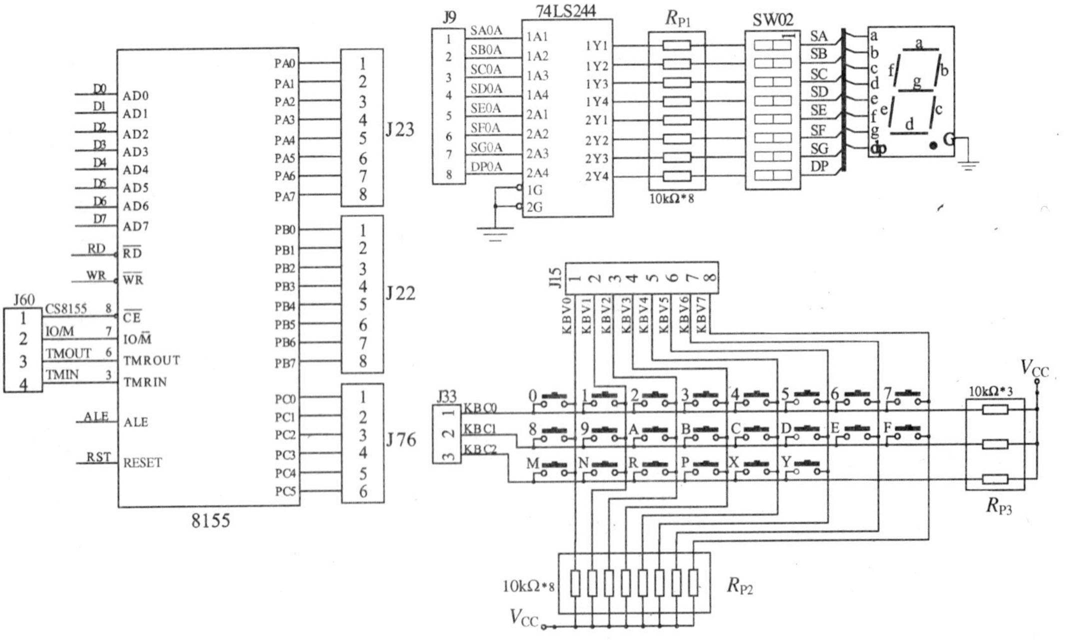


**图 3.14　按键识别与显示实验电路原理图**

5）程序设计

(1) 流程图

按键识别与显示的主程序流程如图 3.15 所示。

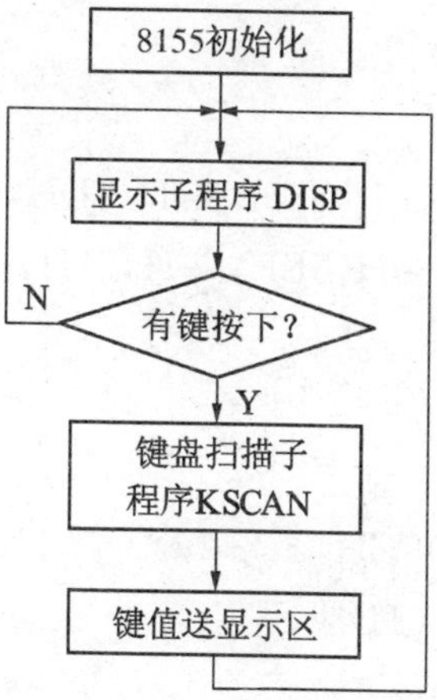


**图 3.15　按键识别主程序流程图**

(2) 参考程序

```
        PA      EQU     0201H
        PB      EQU     0202H
        PC0     EQU     0203H
        PCL     EQU     0200H
        ORG     0000H
        LJMP    MAIN
        ORG     0050H
MAIN：  MOV     SP,＃70H
        MOV     40H,＃10H           ;初始显示字母“P”
        MOV     DPTR,＃PCL          ;8155 初始化,A、B 口输出,C 口输入
        MOV     A,＃03H
        MOVX    @DPTR,A
LP：    LCALL   DISP
        LCALL   KEY1
        JNZ     KNT
        SJMP    LP                  ;无键按下,转 LP
KNT：   LCALL   KSCAN               ;有键按下,转键盘扫描子程序
        SJMP    LP
DISP：  MOV     A,40H               ;显示子程序
        MOV     DPTR,＃TAB
        MOVC    A,@A+DPTR
        MOV     DPTR,＃PB
```

```
        MOVX    @DPTR,A                 ;查得字形码送 PB 口
        MOV     R7,#250                 ;延时 1ms
WAIT:   NOP
        NOP
        DJNZ    R7,WAIT
        RET
TAB:    DB 3FH,06H,5BH,4FH,66H,6DH,7DH,07H,7FH      ;字形码表
        DB 6FH,77H,7CH,39H,5EH,79H,71H,73H
KSCAN:MOV       R6,#5
LP1:    LCALL   DISP                    ;延时去抖动
        DJNZ    R6,LP1
        MOV     R2,#0FEH                ;列扫描初值送 R2
        MOV     R4,#00H
SCAN:   MOV     A,R2
        MOV     DPTR,#PA
        MOVX    @DPTR,A                 ;列扫描字送 PA 口
        MOV     DPTR,#PC0               ;读入行状态
        MOVX    A,@DPTR
        JB      ACC.0,LONE              ;第 0 行无键按下,转查第 1 行
        MOV     A,#00H
        SJMP    COUNT
LONE:   JB      ACC.1,NEXT
        MOV     A,#08H
COUNT:ADD       A,R4                    ;求键值
        PUSH    ACC
LINE:   LCALL   KEY1                    ;等待键释放
        JNZ     LINE
        POP     ACC
        MOV     40H,A
BACK:   RET
NEXT:   INC     R4
        MOV     A,R2
        JNB     ACC.7,BACK              ;8 列扫描完返回
        RL      A
        MOV     R2,A
        AJMP    SCAN                    ;转下一列扫描
KEY1:   MOV     DPTR,#PA                ;判断键盘有无键按下子程序
        MOV     A,#00H
```

```
        MOVX    @DPTR,A             ;全0送PA口
        MOV     DPTR,#PC0
        MOVX    A,@DPTR
        CPL     A
        ANL     A,#03H
        RET
        END
```

6）思考题

（1）若要使显示的数字加小数点，则上述显示程序应做哪些修改？

（2）如果按键识别采用行反转法，应如何编写实验程序？

（3）总结实验过程中所遇到的问题与解决的办法。

# 模块八　串-并转换实验

## 一、知识点

MCS－51单片机串行口的工作方式，数据接收、发送标志位RI、TI，串并转换芯片74HC164。

## 二、知识点分析

MCS－51单片机串行口可以设置4种工作方式，其中方式0为同步移位寄存器方式，可用于串行口扩展；其他3种方式与单片机串行通信有关。在一帧数据接收或发送完成后，由硬件自动置位RI、TI，RI、TI的清零则需要用户在程序中完成，这一点非常重要。74HC164在移位脉冲的作用下将串行输入的数据变成并行数据输出。

## 三、实践训练

1）实验目的

（1）掌握MCS－51单片机串行口方式0的工作方式及编程方法；

（2）掌握利用MCS－51单片机串行口扩展I/O通道的方法；

（3）熟悉串入并出移位寄存器74HC164的使用方法。

2）实验设备

PC机，XZNU MCUS－I单片机实验箱1台，伟福V8/L型仿真器1台。

3）实验内容及说明

利用MCS－51单片机串行口和串入并出移位寄存器74HC164扩展I/O口，在一位LED数码管上循环显示0～9这10个数字。

MCS－51 单片机串行口工作在方式 0 时，可通过外接移位寄存器实现串并转换。在这种方式下，一帧数据为 8 位，只能从 RxD 端输入、输出；TxD 端用于输出移位同步时钟信号，其波特率固定为晶振频率的 1/12。由软件置位串行控制寄存器 SCON 的 REN 位后才能启动串行接收，在 CPU 将数据写入 SBUF 寄存器后，立即启动发送。待 8 位数据输完后，硬件将 SCON 中的 TI 位置 1，其必须由软件清零。

4）实验电路及连线

串并转换实验电路原理图如图 3.16 所示。使用专用连接导线，将接插件 J20 与 J9 的插孔按照相反顺序连接，J36 的 IN64 端与 J4 的 RxD 端对应相接，J36 的 CK64 端与 J4 的 TxD 端对应相接，J36 的 MIR 端接一个电平开关，实验时开关接高电平；接插件 J8 的某一插孔接地；开关 SW02 合上，开关 S3、S4 断开。

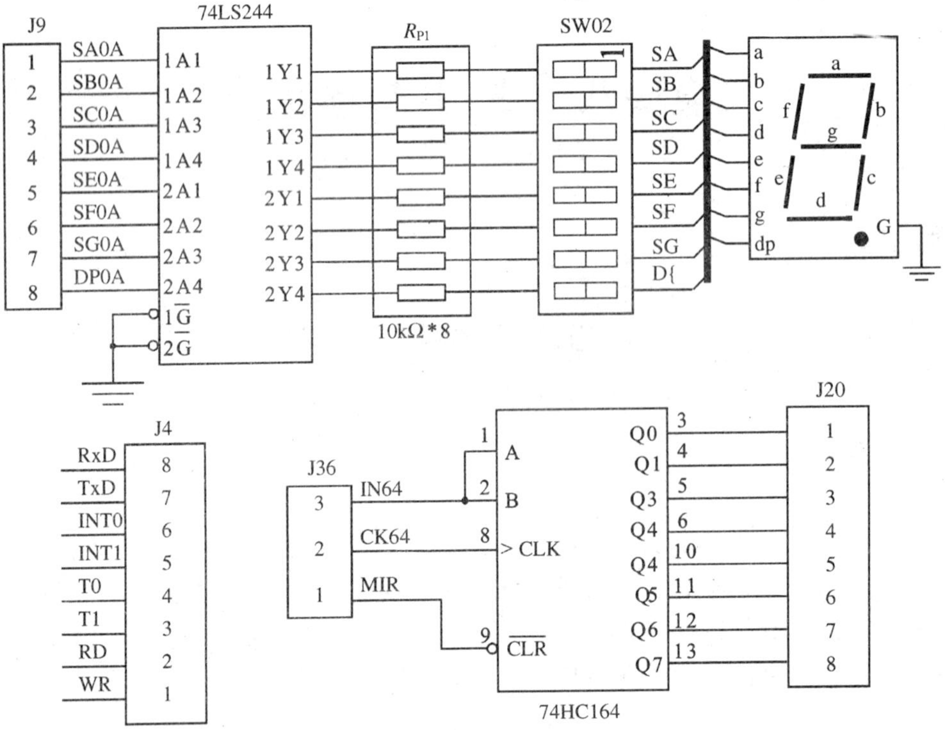


**图 3.16　串并转换实验电路原理图**

5）程序设计

（1）流程图

串并转换实验的程序流程如图 3.17 所示。

（2）参考程序

```
        ORG     0000H
        LJMP    STAR
        ORG     0030H
STAR：  MOV     R1，#0AH
        MOV     SCON，#00H          ；串口设为方式 0
        MOV     DPTR，#SPJ          ；偏移量送 R0
```

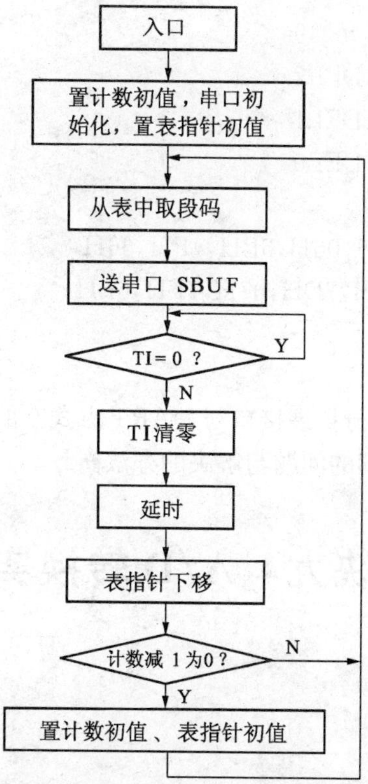


**图 3.17　串并转换实验电路程序流程图**

```
        MOV     A,DPL
        MOV     DPTR,#L1
        CLR     C
        SUBB    A,DPL
        MOV     R5,A
        MOV     R0,A
LOOP:   MOV     A,R0
        MOVC    A,@A+PC          ;从表中取段控码
L1:     MOV     SBUF,A
WAIT:   JNB     TI, WAIT
        CLR     TI
        LCALL   DELAY            ;延时
        INC     R0
        DJNZ    R1,LOOP
        MOV     R1,#0AH
        MOV     A,R5
        MOV     R0,A
        LJMP    LOOP
DELAY:MOV       R2,#10
```

```
DEL0:  MOV    R3,#200
DEL1:  MOV    R4,#249
DEL2:  DJNZ   R4,DEL2
       DJNZ   R3,DEL1
       DJNZ   R2,DEL0
       RET
SPJ:   DB     3FH,06H,5BH,4FH,66H
       DB     6DH,7DH,07H,7FH,6FH
       END
```

6）思考题

（1）虚拟 UART 方式 0 串行扩展接口与 UART 方式 0 的区别在哪?

（2）总结实验过程中所遇到的问题与解决的办法。

# 模块九　A/D 转换实验

## 一、知识点

A/D 转换器的主要性能指标，ADC0809 与单片机的接口方式。

## 二、知识点分析

A/D 转换器的主要性能指标有两个：一个是转换速度，另一个是转换精度。A/D 转换速度和它的类型有关，例如，ADC0809 的转换速度典型值为 100 μs，AD574 的转换速度可达 25 μs。转换精度的定义为分辨率之半，显然它和 A/D 转换位数有关。ADC0809 与单片机的硬件接口方式有 3 种：中断方式、查询方式和无条件传送方式（延时等待方式），其中中断方式时 CPU 效率最高。

## 三、实践训练

1）实验目的

（1）掌握 A/D 转换器与单片机的接口方法；

（2）了解 8 位 A/D 转换器 ADC0809 的转换性能与编程方法；

（3）通过实验了解单片机如何进行数据采集。

2）实验设备

PC 机，XZNU MCUS-Ⅰ单片机实验箱 1 台，伟福 V8/L 型仿真器 1 台。

3）实验内容及说明

利用实验箱上的 ADC0809 做 A/D 转换器，实验箱上的电位器提供模拟量输入。编制程序，将模拟量转换成数字量，用发光二极管显示出来。

ADC0809的START端为A/D转换启动信号，ALE端为通道选择地址的锁存信号，实验电路中将它们相连，以便锁存通道地址的同时开始A/D采样转换，故启动A/D转换只需如下两条指令：

```
MOV   DPTR, #ADPORT
MOVX  @DPTR,A
```

其中A中为何值并不重要，是一次虚写。中断方式下，A/D转换结束后会自动产生EOC信号，将其经过一个反相器接至单片机的INT1。中断处理程序中，使用如下指令即可读取A/D转换结果：

```
MOV   DPTR, #ADPORT
MOVX  A, @DPTR
```

4) 实验电路及连线

A/D转换实验电路原理图如图3.18所示。使用专用连接导线，将接插件J16的CH0端与J34的POT3对应相接，J54的EOC0、EOC1端用导线短接，J54的EOC/I端与J4的INT1端对应相接，CSAD端与J2第1插孔(A8端)相接。发光二极管显示电路及连线方法同模块一"P1口实验"，此处略去。

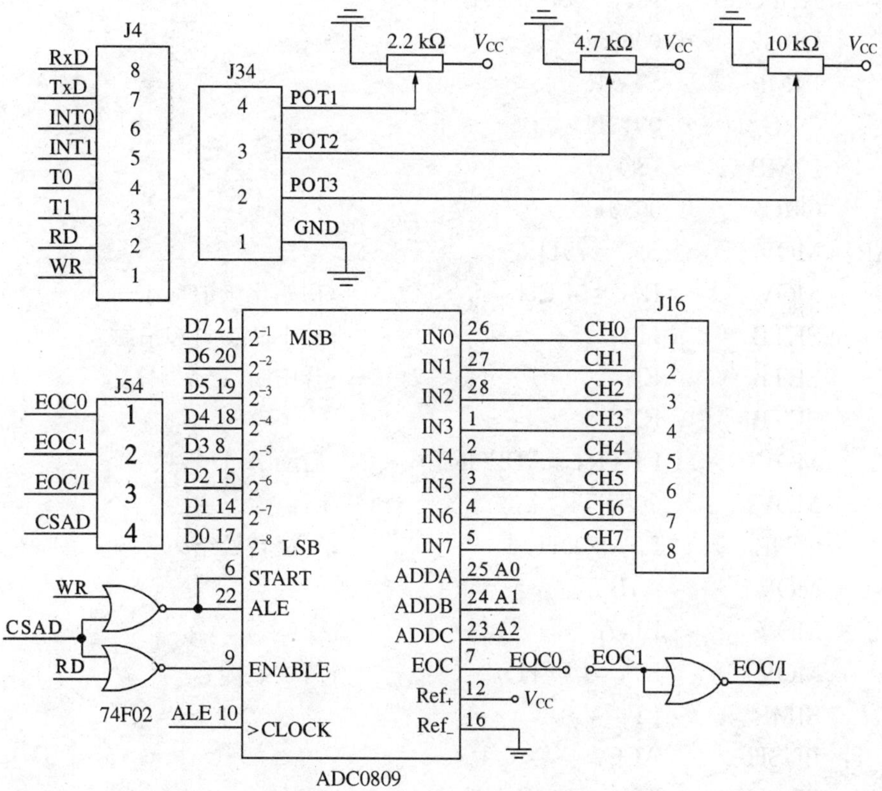


图3.18　A/D转换实验电路原理图

5) 程序设计

(1) 流程图

A/D转换实验的主程序和中断服务程序流程如图3.19所示。

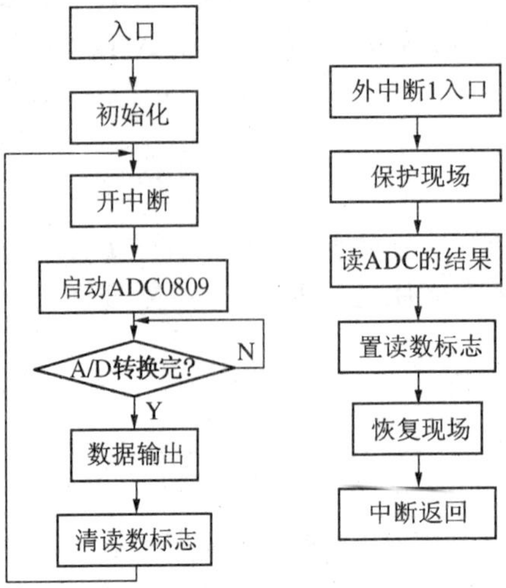


**图 3.19 程序流程图**

(2) 参考程序

```
        ADPORT  EQU  0FEF8H
        ORG     0000H
        LJMP    STAR
        ORG     0013H
        LJMP    INT_1
        ORG     0050H
STAR:   MOV     SP,#70H
        MOV     R7,#0FFH          ;初始化读数标志
        SETB    IT1               ;外中断 1 为边沿触发
        SETB    EA                ;开中断
        SETB    EX1
LP:     MOV     DPTR,#ADPORT      ;启动 A/D 转换
        MOVX    @DPTR,A
        CJNE    R7,#00H,$         ;等待转换结束
        MOV     A,B
        MOV     P1,A
        MOV     R7,#0FFH          ;清读数标志
        SJMP    LP
INT_1:  PUSH    ACC
        PUSH    PSW
        MOVX    A,@DPTR           ;读 A/D 数据
        MOV     B,A
        MOV     R7,#00H           ;置位读数标志
        POP     PSW
        POP     ACC
```

```
RETI
END
```

6）思考题

（1）思考实验中所使用硬件电路的连接方式与控制方法。

（2）将上述数据采集程序由中断方式改为查询方式，应如何实现？

（3）总结实验过程中所遇到的问题与解决的办法。

# 模块十　D/A转换实验

## 一、知识点

D/A转换器的主要性能指标，D/A转换器的3种使用方法，MCS－51单片机对DAC0832的接口方式。

## 二、知识点分析

D/A转换器性能指标是选用D/A芯片的基本依据，D/A转换器的性能指标颇多，必须掌握的有分辨率、转换精度、偏移量误差和线性度4个。根据实际需要，D/A转换器可以接成单极性电压输出、双极性电压输出以及作为控制放大器使用。MCS－51单片机对DAC0832的接口中，其硬件电路有直通、单缓冲和双缓冲3种连接方式，其电压输出极性有单极性和双极性之分。因此，在进行D/A转换器接口电路的设计中，首先要根据实际需要确定输出电压的极性以及硬件电路的连接方式，然后进行硬件电路设计，并在此基础上编出相应的接口程序。

## 三、实践训练

1）实验目的

（1）了解D/A转换的基本原理；

（2）了解D/A转换芯片DAC0832的性能及编程方法；

（3）掌握单片机系统中扩展D/A转换器的基本方法。

2）实验设备

PC机，XZNU MCUS－I单片机实验箱1台，伟福V8/L型仿真器1台，示波器1台。

3）实验内容及说明

利用DAC0832构成函数发生器，通过软件编程使其周期性地产生锯齿波、三角波。

8位D/A转换器DAC0832是把数字量转换成模拟量的器件，其输出需要通过集成运算放大器转换成模拟电压信号。产生锯齿波或三角波是由累加器A中存放的数字量的增减来控制。

4）实验电路及连线

D/A转换实验电路原理图如图3.20所示。使用专用连接导线，将J70的CSDA端与J29

第 1 插孔对应相接，J70 的 DOT1 端接示波器探头。

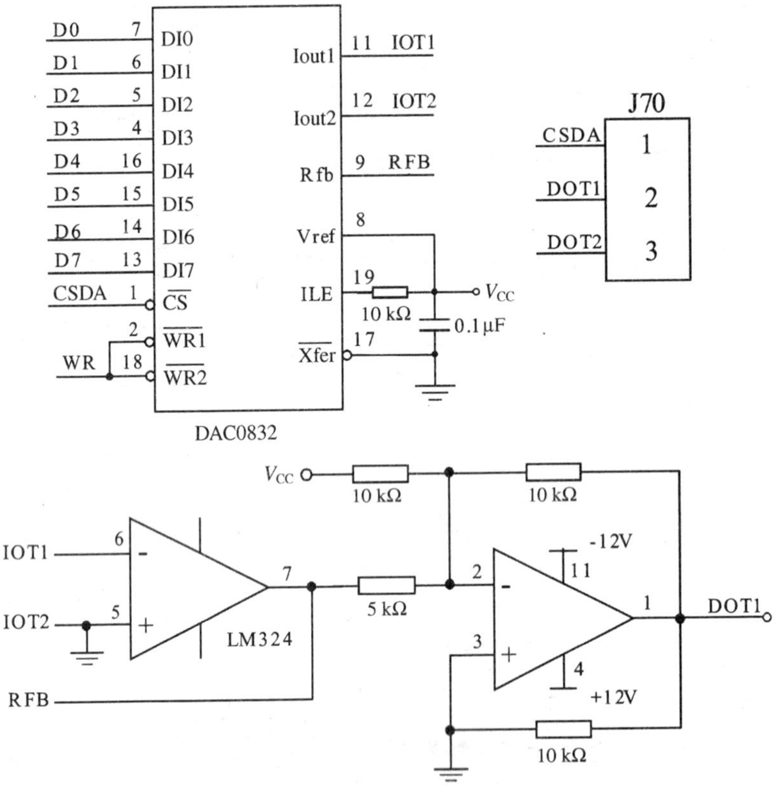


**图 3.20　D/A 转换实验电路原理图**

5）程序设计

(1) 流程图

D/A 转换实验的主程序流程如图 3.21 所示。

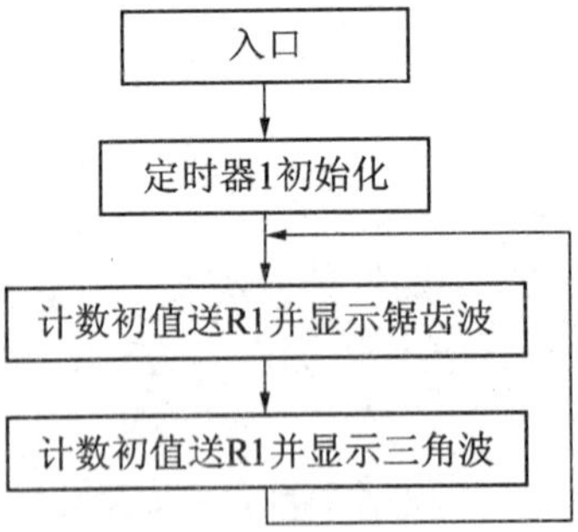


**图 3.21　主程序流程图**

(2) 参考程序

```
DAPORT      EQU      0C7FFH
ORG         0000H
LJMP        MAIN
ORG         001BH
```

```
          LJMP    DELAY
          ORG     0030H
MAIN:     ANL     TMOD,#0FH           ;T1工作于方式1
          ORL     TMOD,#10H
          SETB    EA
          SETB    ET1
          MOV     TL1,#0B0H           ;T1每50 ms中断1次
          MOV     TH1,#3CH
          SETB    TR1
          MOV     DPTR,#DAPORT
DISP:     MOV     R1,#0A4H            ;置计数初值于R1
          LCALL   PRG1                ;显示锯齿波
          MOV     R1,#0E4H            ;置计数初值于R1
          LCALL   PRG2                ;显示三角波
          LJMP    DISP
DELAY:    CLR     TR1
          MOV     TL1,#0B0H
          MOV     TH1,#3CH
          DEC     R1
          SETB    TR1
          RETI
PRG1:     MOV     A,#00H              ;产生锯齿波
LP1:      MOVX    @DPTR,A
          INC     A
          CJNE    R1,#40H,LP1         ;5 s时间未到继续输出锯齿波
          RET
PRG2:     MOV     A,#00               ;产生三角波
LP2:      MOVX    @DPTR,A             ;产生三角波前半周期
          INC     A
          CJNE    A,#0FFH,LP2
          MOV     R2,A                ;将0FFH存入R2
LP3:      MOV     A,R2                ;产生三角波后半周期
          MOVX    @DPTR,A
          DJNZ    R2,LP3
          MOV     A,R2                ;将0送给A
          CJNE    R1,#80H,LP2         ;5 s时间未到继续输出三角波
          RET
          END
```

6）思考题

(1) 思考实验中所使用硬件电路的连接方式和控制方法。

(2) 在上述实验基础上增加产生正弦波信号,应如何改动程序?

(3) 总结实验过程中所遇到的问题与解决的办法。

# 模块十一　8279 键盘/显示器接口实验

## 一、知识点

8279 的结构与工作原理,8279 的命令字、状态字及编程方法,MCS－51 单片机与 8279 的接口方法及程序设计方法。

## 二、知识点分析

8279 是 Intel 公司为 8 位微处理器设计的一种通用键盘/显示器接口器件,其功能是接收来自键盘的输入数据并作预处理,完成数据显示的管理和数据显示器的控制。单片机应用系统采用 8279 管理键盘和显示器,其软件编程简单,显示稳定,减轻了主机的负担,单个芯片就能完成键盘输入和 LED 显示器显示控制两种功能。

1) 8279 内部结构框图和引脚说明

8279 内部逻辑电路如图 3.22 所示。

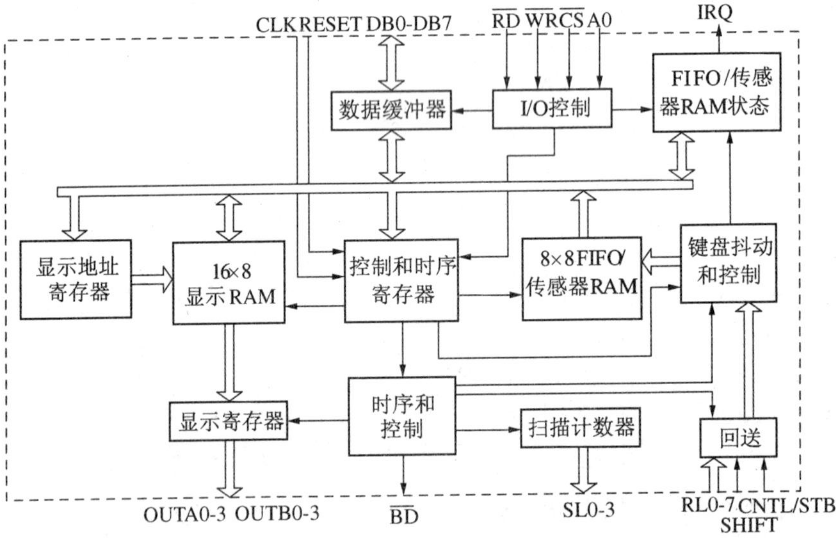


**图 3.22　8279 结构框图**

8279 引脚说明如下:

DB0～DB7:具有三态的双向数据总线。用于在 8279 与 CPU 之间传递命令(控制字)和数据。

CLK:系统时钟输入。用于 8279 内部产生工作时序。

RESET:复位信号输入端。当 RESET＝1 时,8279 被复位。复位后 8279 内部状态如下:

- 16个字符显示，左入口；
- 编码扫描键盘，双键锁定；
- 程序时钟编程为31。

$\overline{CS}$：片选端，低电平有效。当$\overline{CS}$=0时8279被选中，允许CPU对其读写；否则被禁止。

A0：选择输入端。当A0=1时CPU写入的数据为命令字，读出的数据为状态字；A0=0时CPU读、写的字节均为数据。

$\overline{RD}$、$\overline{WR}$：读、写控制线。用来自CPU的控制信号，控制8279的读写操作。

IRQ：中断请求信号的输出线，高电平有效。在键盘工作方式中，当FIFO/传感器RAM中存有数据时，IRQ为高电平；CPU每次从RAM中读出数据时，IRQ变为低电平，若RAM中仍有数据，则IRQ再次恢复为高电平。

SL0～SL3：扫描输出线。输出键盘、显示器的扫描信号。通过编程可设定为"编码输出"(经外接译码器产生扫描信号)，或"译码输出"(直接输出4选1的扫描信号)。

RL0～RL7：回复输入线。用来接收扫描键盘的回复信号。

SHIFT：移位信号的输入线，高电平有效。该信号是8279键盘数据的次高位(D6位)，通常用来扩充键开关的功能，如键盘的上、下挡功能。在传感器方式和选通方式中，SHIFT无效。

CNTL/STB：控制/选通输入线，高电平有效。键盘方式时，该输入信号是键盘数据的最高位(D7位)，通常用来扩充键盘开关的控制功能，作为键盘控制功能键用。在选通输入方式时，该信号的上升沿可将来自RL0～RL7的数据存入FIFO RAM中。在传感器方式下，该信号无效。

OUTA0～OUTA3：A组显示输出线。

OUTB0～OUTB3：B组显示输出线。

上述两组线均为显示用的信息输出线，数据的输出与SL0～SL3的数字扫描信号同步，实现数据的动态扫描显示。A组与B组输出线可以单独使用(如输出BCD码经外部的"BCD七段译码器"与显示器连接)，也可将A、B两组合并使用，直接输出七段的字形码供显示器使用(其中OUTB0～3接LED的a～d，OUTA0～3接LED的e～g、dp)。

$\overline{BD}$：消隐显示输出线，低电平有效。该输出信号在数字切换显示或使用显示消隐命令时，控制显示器将显示消隐。

2) 8279的命令字、状态字及编程

8279是可编程接口芯片，其工作方式、工作特点等均通过CPU向8279发送命令实现，因此对8279的编程实际上就是向8279写入命令字的过程。

8279共有8条命令字和1个状态字。具体的命令字格式与功能如下：

(1) 键盘/显示方式设置命令字

命令格式：

| D7 | D6 | D5 | D4 | D3 | D2 | D1 | D0 |
|---|---|---|---|---|---|---|---|
| 0 | 0 | 0 | D | D | K | K | K |

其中：D7D6D5=000为"键盘/显示方式设置"命令字的特征位。

DD(D4D3)用于设置显示方式，具体定义见表3.2。

**表 3.2　DD(D403)具体定义**

| D4 | D3 | 显　示　方　式 |
|---|---|---|
| 0 | 0 | 8 字符显示，左入口(打字机方式) |
| 0 | 1 | 16 字符显示，左入口(打字机方式) |
| 1 | 0 | 8 字符显示，右入口(计算器方式) |
| 1 | 1 | 16 字符显示，右入口(计算器方式) |

所谓左入口，即显示位置从最左一位(最高位)开始，以后逐次输入的显示字符逐个向右顺序排列；所谓右入口，则是显示位置从最右一位(最低位)开始，以后逐次输入显示字符时，已有的显示字符依次向左移动。

D2D1D0＝KKK：用来设定八种键盘、显示工作方式，见表 3.3。

**表 3.3　八种键盘、显示工作方式**

| D2 | D1 | D0 | 键盘工作方式 |
|---|---|---|---|
| 0 | 0 | 0 | 编码扫描键盘，双键锁定 |
| 0 | 0 | 1 | 译码扫描键盘，双键锁定 |
| 0 | 1 | 0 | 编码扫描键盘，N 键轮回 |
| 0 | 1 | 1 | 译码扫描键盘，N 键轮回 |
| 1 | 0 | 0 | 编码扫描传感器矩阵 |
| 1 | 0 | 1 | 译码扫描传感器矩阵 |
| 1 | 1 | 0 | 选通输入，编码显示扫描 |
| 1 | 1 | 1 | 选通输入，译码显示扫描 |

双键锁定和 N 键轮回是多键按下时的两种不同的保护方式。双键锁定是指双键同时按下时，认可最后弹起的键，以起到双键防抖功能；N 键轮回是指若干键按下时，键盘扫描根据发现它们的顺序，依次将它们的状态送入 FIFO RAM 中。

(2) 程序时钟命令

命令格式：

| D7 | D6 | D5 | D4 | D3 | D2 | D1 | D0 |
|---|---|---|---|---|---|---|---|
| 0 | 0 | 1 | P | P | P | P | P |

其中：D7D6D5＝001 为“程序时钟”命令字的特征位。

D4～D0＝PPPPP 为对外来输入时钟 CLK 进行分频的分频系数 $N$，$N$ 的取值为 2～31。例如，外部时钟频率为 2MHz，PPPPP 被置成为 10100($N$＝20)，即对 CLK 输入的外部时钟 20 分频，以获得 8279 内部要求的 100kHz 基本频率。

(3) 读 FIFO/传感器 RAM 命令

命令格式：

| D7 | D6 | D5 | D4 | D3 | D2 | D1 | D0 |
|---|---|---|---|---|---|---|---|
| 0 | 1 | 0 | AI | X | A | A | A |

其中:D7D6D5=010为"读FIFO/传感器RAM"命令字的特征位。

AI为自动加1标志。

AAA(D2D1D0)为FIFO/传感器RAM的地址。

在键盘工作方式中,由于读取数据操作严格按照先入先出顺序,因此不需要使用这条命令。

(4) 读显示RAM命令

命令格式:

| D7 | D6 | D5 | D4 | D3 | D2 | D1 | D0 |
|---|---|---|---|---|---|---|---|
| 0 | 1 | 1 | AI | A | A | A | A |

其中:D7D6D5=011为"读显示RAM"命令字的特征位。

AAAA(D3D2D1D0)用来寻址显示RAM中的存储单元地址。

AI(D4)为自动增量特征位。AI=1时,每次读出后地址自动加1,指向下一个地址。

(5) 写显示RAM命令

命令格式:

| D7 | D6 | D5 | D4 | D3 | D2 | D1 | D0 |
|---|---|---|---|---|---|---|---|
| 1 | 0 | 0 | AI | A | A | A | A |

其中:D7D6D5=100为"写显示RAM"命令字的特征位。

AAAA(D3D2D1D0)为将要写入的显示RAM中的存储单元地址。

AI(D4)为自动增量特征位。AI=1时,每次写入后地址自动加1,指向下一次要写入的地址。

(6) 显示禁止写入/消隐命令

命令格式:

| D7 | D6 | D5 | D4 | D3 | D2 | D1 | D0 |
|---|---|---|---|---|---|---|---|
| 1 | 0 | 1 | X | IWA | IWB | BLA | BLB |

其中:D7D6D5=101为"显示禁止写入/消隐"命令字的特征位。

D3、D2=IWA、IWB:分别用来屏蔽A、B两组显示。如IWA(D3)=1时,A组的显示RAM禁止写入,这样当CPU向显示RAM写入数据时不会影响A组的显示。

D1、D0=BLA、BLB:分别对A、B组进行消隐控制。BL*=1,对应组的显示输出被消隐;BL*=0,则恢复显示。

(7) 清除命令

命令格式:

| D7 | D6 | D5 | D4 | D3 | D2 | D1 | D0 |
|---|---|---|---|---|---|---|---|
| 1 | 1 | 0 | Cd | Cd | Cd | Cf | Ca |

其中:D7D6D5=110 为"清除 RAM"命令字的特征位。

Cd Cd Cd (D4D3D2)用来设定清除显示 RAM 的 4 种方式,见表 3.4。

**表 3.4　设定清除显示 RAM 的 4 种方式**

| D4 | D3 | D2 | 清除方式 |
| --- | --- | --- | --- |
| 1 | 0 | X | 将显示 RAM 全部清 0 |
| 1 | 1 | 0 | 将显示 RAM 置成 20H(A 组=0010,B 组=0000) |
| 1 | 1 | 1 | 将显示 RAM 全部置 1 |
| 0 | 不清除(若 Ca=1,则 D3、D2 仍有效) | | |

Cf(D1)用来置空 FIFO 存储器。当 Cf=1 时,执行清除命令后,FIFO RAM 被置空,使中断输出线复位,同时,传感器 RAM 的读出地址也被置为 0。

Ca(D0)为总清的特征位。它具有 Cd 和 Cf 的联合效能。在 Cf=1 时,对显示 RAM 的清除方式由 D3、D2 的编码决定。

注意:清除显示 RAM 约需 160 μs,在此期间 8279 状态字的最高位 Du=1,表示显示无效。

(8) 结束中断/错误方式设置命令

命令格式:

| D7 | D6 | D5 | D4 | D3 | D2 | D1 | D0 |
| --- | --- | --- | --- | --- | --- | --- | --- |
| 1 | 1 | 1 | E | X | X | X | X |

其中:D7D6D5=111 为"结束中断/错误方式设置"命令字的特征位。该命令有两种不同的应用:

① 作为结束中断命令。在传感器工作方式中,该命令用来结束传感器 RAM 的中断请求。

② 作为特定错误方式设置命令。在 8279 被设定为键盘扫描 N 键轮回方式以后,如果 CPU 又对 8279 写入该命令(E=1),则 8279 就以一种错误的方式工作。这种工作方式的特点是,8279 在消抖期间,如果有多个键被按下,则 8279 状态字中的错误特征位 S/E 将被置 1,并产生中断请求信号和阻止其写入 FIFO RAM。

上述 8 种命令字均是由 D7、D6、D5 特征位来确定的,当这些命令字输入到 8279 之后能自动寻址到对应的命令寄存器。写入命令时唯一的要求是使选择输入端信号 A0=1。

(9) 8279 的状态字

8279 的状态字主要用于键盘和选通方式,指示 FIFO RAM 中的字符数和有无错误发生。

状态字格式:

| D7 | D6 | D5 | D4 | D3 | D2 | D1 | D0 |
| --- | --- | --- | --- | --- | --- | --- | --- |
| Du | S/E | O | U | F | N | N | N |

Du(D7)为显示无效特征位。Du=1 表示显示无效。当显示 RAM 清除显示或全清命令尚未完成时,Du=1。

S/E(D6)为传感器信号结束/错误特征位。该特征位在读出状态字时被读出,在执行 Cf

=1 的清除命令时被复位。当 8279 工作在传感器工作方式时，若 S/E=1，表示最后一个传感器信号已经进入传感器 RAM 中；而当 8279 工作在特殊错误方式时，若 S/E=1 表示出现了多键同时按下错误。

O、U(D5、D4)为超出、不足错误特征位。对 FIFO RAM 的操作可能出现两种错误：超出或不足。当 FIFO RAM 已经充满，其他键盘数据还企图写入时，出现超出错误，O(D5)位置 1；当 FIFO RAM 已经置空，CPU 还企图读出时，则出现不足错误，U(D4)位置 1。

F(D3)表示 FIFO RAM 是否已满。F=1 时，表明已满。

NNN(D2D1D0)表示 FIFO RAM 中的字符数，最多为 8 个。

在键盘扫描方式中，8279 中键输入数据按下列格式存放：

| D7 | D6 | D5D4D3 | D2D1D0 |
|---|---|---|---|
| CNTL | SHIFT | SCAN | RETURE |

RETURN(D2D1D0)为键所在的列号(由 RL0～RL7 的状态确定)。

SCAN(D5D4D3)为键所在的行号(由 SL0～SL2 的状态确定)。

SHIFT、CNTL(D6、D7)为相应开关键的状态位。

## 三、实践训练

1）实验目的

(1) 掌握在 MCS-51 单片机系统中扩展 8279 键盘显示接口的方法；

(2) 掌握 8279 工作原理和编程方法；

(3) 进一步熟悉中断处理程序的编程方法。

2）实验设备

PC 机，XZNU MCUS-Ⅰ单片机实验箱 1 台，伟福 V8/L 型仿真器 1 台。

3）实验内容及说明

利用实验箱上提供的 8279、键盘电路和 LED 显示电路，组成一个键盘分析电路，编写程序，要求在键盘上按一个数字键，该键的代码就显示在 LED 数码管上。

本实验用到了 8279 的键盘输入部分。键盘部分提供的扫描方式最多可和 64 个按键或传感器阵列相连，能自动消除键抖动并对多键同时按下采取保护。

本实验给出的程序采用中断方式来处理键盘输入值。主程序的任务是初始化 8279 和外部中断 0，中断服务程序则进行键值处理并显示。

4）实验电路及连线

8279 键盘/显示器接口实验电路原理图如图 3.23 所示。首先将开关 S4、S5、S6 置于导通状态；再使用专用连接导线，将 J58 的 79A0 端与 J3 的 A0 端对应相接，J58 的 CS79 端与 J2 的 A15 端对应相接，J58 的 IRQ 端与 J54 的 EOC1 端相接，J54 的 EOC/INVS 端与 J4 的 INT0 端相接(反相)。LED 数码显示电路及接线方法与模块七“按键识别与显示实验”的显示部分完全相同，请参照前文。

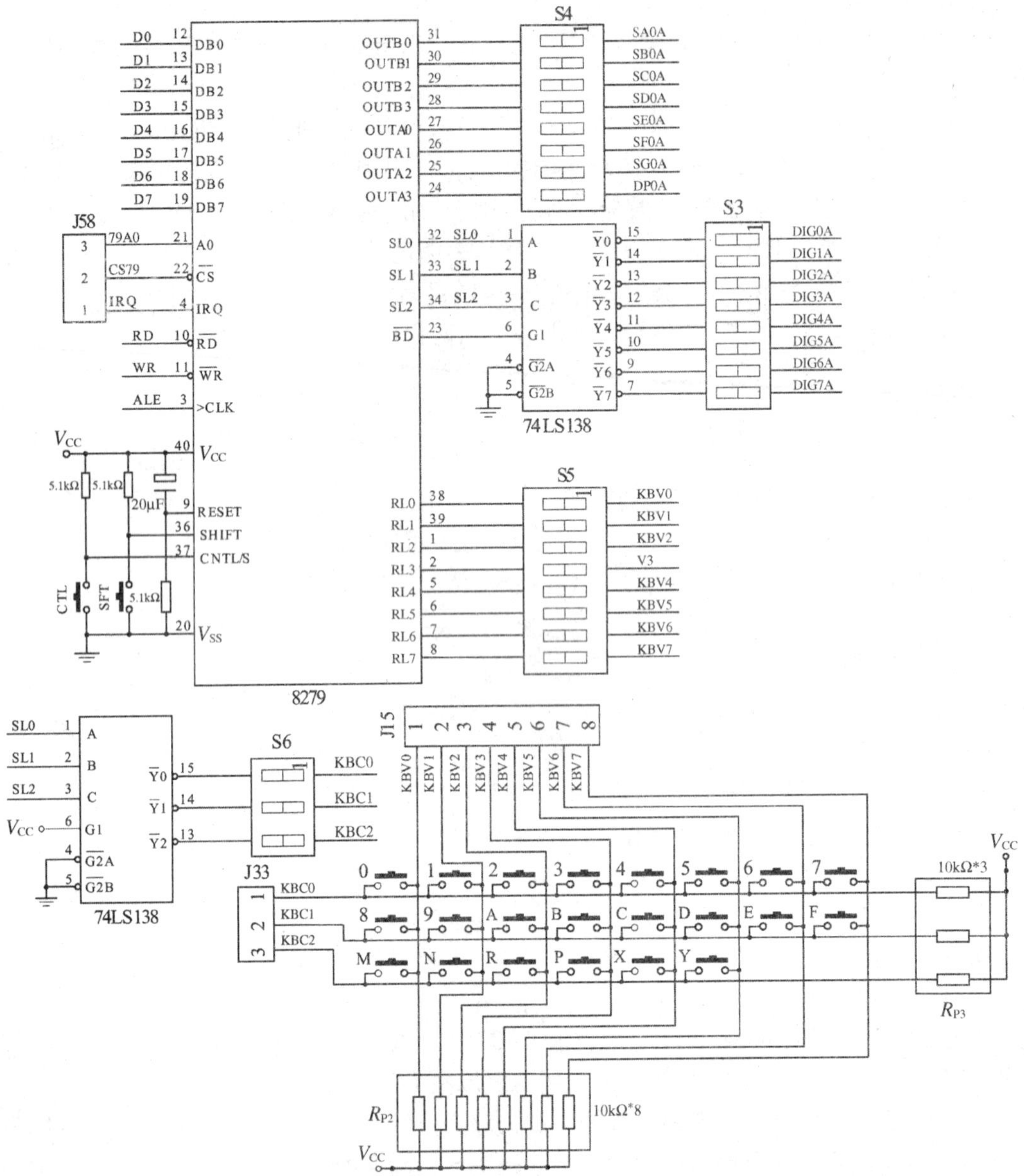


**图 3.23　8279 键盘/显示器接口实验电路原理图**

5）程序设计

(1) 流程图

8279 键盘/显示器接口实验的主程序及中断服务程序流程如图 3.24 所示。

(2) 参考程序

```
PORT      EQU   7FFEH
ORG       0000H
LJMP      MAIN
ORG       0003H
LJMP      KEY1
```

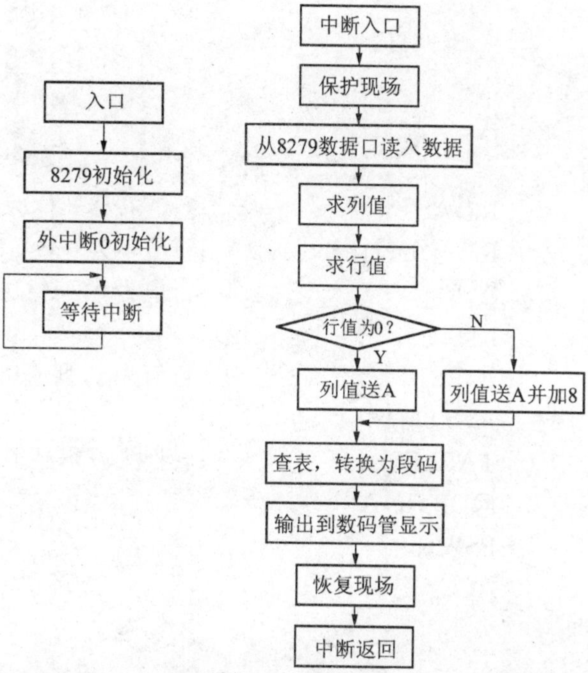


**图 3.24　8279 键盘/显示器接口实验及中断服务程序流程图**

```
        ORG     0200H
MAIN:   MOV     DPTR,#PORT+1
        MOV     A,#0D1H         ;清显示
        MOVX    @DPTR,A
        MOV     A,#34H          ;时钟 20 分频
        MOVX    @DPTR,A
        MOV     A,#00H          ;设置键盘/显示器方式命令字
        MOVX    @DPTR,A
        MOV     A,#80H          ;设置写显示 RAM 命令字
        MOVX    @DPTR,A
        SETB    EA              ;INT0 初始化
        SETB    EX0
        SETB    IT0
WAIT:   NOP                     ;等待中断
        LJMP    WAIT
KEY1:   PUSH    ACC
        PUSH    PSW
        MOV     DPTR,#PORT      ;从 8279 数据口读入键值
        MOVX    A,@DPTR
        MOV     R1,A
        ANL     A,#07H
        MOV     R2,A            ;取列值存于 R2
```

```
         MOV     A,R1
         ANL     A,#38H
         RR      A
         RR      A
         RR      A
         MOV     R3,A              ;行值右移 3 位后存于 R3
         CJNE    R3,#00H,LINE1     ;行值不为 0 转 LINE1
         MOV     A,R2              ;行值为 0,列值送 A
         LJMP    L11
LINE1:   MOV     A,R2              ;行值为 1,列值送 A 并加 8
         ADD     A,#08H
L11:     LCALL   TABLE             ;转换为段码显示
         MOVX    @DPTR,A
         POP     PSW
         POP     ACC
         RETI
TABLE:   INC     A
         MOVC    A,@A+PC
         RET
         DB  3FH,06H,5BH,4FH,66H,6DH,7DH,07H
         DB  7FH,6FH,77H,7CH,39H,5EH,79H,71H
         END
```

6）思考题

(1) 利用 8279 和 6 个 LED 数码管,设计一个电脑时钟;

(2) 总结实验过程中所遇到的问题与解决的办法。

# 模块十二　时钟日历芯片 DS12C887 实验

## 一、知识点

DS12C887 的引脚功能与性能特点,DS12C887 的内部存储器结构,MCS－51 单片机与 DS12C887 的接口方法及程序设计方法。

## 二、知识点分析

DS12C887 是美国 DALLAS 公司推出的新型时钟日历芯片。由于 DS12C887 能够自动产生年、月、日、时、分、秒等时间信息,其内部又增加了世纪寄存器,从而利用硬件电路解决了“千年”问题。DS12C887 中自带有锂电池,外部掉电时,其内部时间信息还能够保持 10 年之久。其对于一天内的时间记录，有12小时制和24小时制两种模式，在12小时制模式中，用AM和PM区分上午和下午。DS12C887在工业控制及仪器仪表中有着广泛用途，掌握DS12C887与单片机的接口及编程技术，把它嵌入到多样化的应用环境中去，有较大的实用价值。

1）DS12C887与MCS－51单片机的硬件接口和引脚说明

DS12C887与MCS－51单片机的接口示意图如图3.25所示。

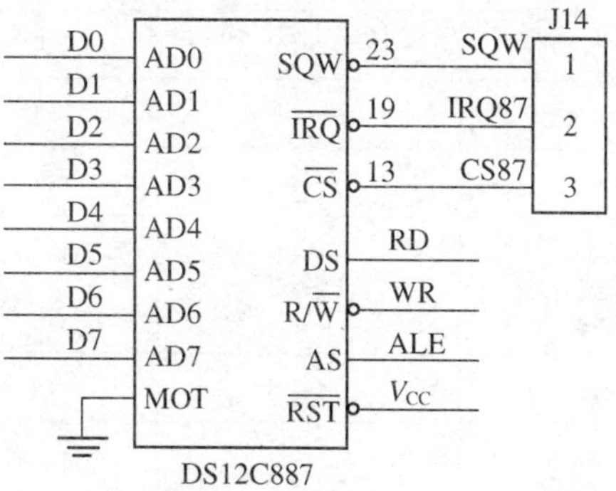


**图3.25　DS12C887与单片机接口示意图**

MOT：模式选择脚。MOT接地时，选择Intel模式；MOT接$V_{CC}$时，选择Motorola模式。因MCS－51单片机属Intel模式，故将MOT接地。

AD0～AD7：地址/数据复用总线。该总线采用时分复用技术，在总线周期的前半部分，出现在AD0～AD7上的是地址信息，可用以选通DS12C887内的RAM；总线周期的后半部分出现在AD0～AD7上的是数据信息。

AS：地址选通输入脚。在进行读/写操作时，AS的上升沿将AD0～AD7上出现的地址信息锁存到DS12C887上。应将AS脚接MCS－51单片机的ALE端。

R/$\overline{W}$：读/写输入脚。当MOT接地时，该脚工作在Intel模式，此时作为写允许输入，即Write Enable。该脚应接MCS－51单片机的$\overline{WR}$信号。

DS：读允许输入脚。该脚接MCS－51单片机的$\overline{RD}$信号。

SQW：方波输出脚。当供电电压$V_{CC}$大于4.25V时，SQW脚进行方波输出，此时用户可以通过对控制寄存器编程来得到13种方波信号的输出。

$\overline{CS}$：片选输入脚，低电平有效。

$\overline{IRQ}$：中断请求输出脚，低电平有效。复位和读寄存器C都可以清除IRQ中断信号。该脚可以直接接MCS－51单片机的$\overline{INT0}$或$\overline{INT1}$端。

$\overline{RESET}$：复位输入脚，低电平有效。在典型应用中，$\overline{RESET}$可以直接接$V_{CC}$，这样保证DS12C887在掉电时，其内部控制寄存器不受影响。

GND、$V_{CC}$：直流电源，其中$V_{CC}$接＋5V输入，GND接地。当$V_{CC}$输入为＋5V时，用户可以访问DS12C887内部RAM中的数据，并可对其进行读、写操作；当$V_{CC}$的输入小于＋4.25V时，禁止用户对内部RAM进行读、写操作，此时用户不能正确获取芯片内的时间信息；当$V_{CC}$的输入小于＋3V时，DS12C887会自动将电源切换到内部自带的锂电池上，以保证内部电路能够正常工作。

2）DS12C887的内部存储器结构

DS12C887内有128个RAM单元，其中11字节用来存储时间信息，4字节用来存储控制信息，其他 113 字节为通用 RAM。

DS12C887 内部存储器功能如表 3.5 所示。

**表 3.5　DS12C887 内部存储器功能**

| 地址 | 功能 | 取值范围（十进制数） | 取值范围 | |
|---|---|---|---|---|
| | | | 二进制数 | BCD 码 |
| 0 | 秒 | 0～59 | 00～3B | 00～59 |
| 1 | 秒闹钟 | 0～59 | 00～3B | 00～59 |
| 2 | 分 | 0～59 | 00～3B | 00～59 |
| 3 | 分闹钟 | 0～59 | 00～3B | 00～59 |
| 4 | 12 小时模式 | 1～12 | 01～0C AM<br>81～8C PM | 01～12 AM<br>81～92 PM |
| | 24 小时模式 | 0～23 | 00～17 | 00～23 |
| 5 | 时闹钟，12 小时制 | 1～12 | 01～0C AM<br>81～8C PM | 01～12 AM<br>81～92 PM |
| | 时闹钟，24 小时制 | 0～23 | 00～17 | 00～23 |
| 6 | 星期(星期天=1) | 1～7 | 01～07 | 01～07 |
| 7 | 日 | 1～31 | 01～1F | 01～31 |
| 8 | 月 | 1～12 | 01～0C | 01～12 |
| 9 | 年 | 0～99 | 00～63 | 00～99 |
| 10 | 控制寄存器 A | — | — | — |
| 11 | 控制寄存器 B | — | — | — |
| 12 | 控制寄存器 C | — | — | — |
| 13 | 控制寄存器 D | — | — | — |
| 50 | 世纪 | 0～99 | NA | 19,20 |

DS12C887 内部有 4 个控制寄存器，分别介绍如下：

● 控制寄存器 A

| D7 | D6 | D5 | D4 | D3 | D2 | D1 | D0 |
|---|---|---|---|---|---|---|---|
| UIP | DV2 | DV1 | DV0 | RS3 | RS2 | RS1 | RS0 |

UIP 位用来标志芯片是否即将进行更新。UIP 位为 1 时，更新即将开始；UIP 位为 0 时，表示至少在 244 μs 内芯片不会更新。此时，时钟、日历和闹钟信息可以通过读写相应的字节获得和设置。

DV0、DV1、DV2 位用来开关晶振和复位分频器。当 DV0、DV1、DV2 设置为 010 时，晶振打开并保持时钟运行。

RS3、RS2、RS1、RS0 为方波频率选择位，产生方波周期中断。具体设置见表 3.6。

**表 3.6　RS3、RS2、RS1、RS0 方波频率选择位设置**

| RS3 | RS2 | RS1 | RS0 | 周期中断周期 | SQW 输出频率 |
|---|---|---|---|---|---|
| 0 | 0 | 0 | 0 | 无 | 无 |
| 0 | 0 | 0 | 1 | 3.906 25 ms | 256 Hz |
| 0 | 0 | 1 | 0 | 7.812 5 ms | 128 Hz |
| 0 | 0 | 1 | 1 | 122.070 μs | 8.192 kHz |
| 0 | 1 | 0 | 0 | 244.141 μs | 4.096 kHz |
| 0 | 1 | 0 | 1 | 488.281 μs | 2.048 kHz |
| 0 | 1 | 1 | 0 | 976.562 5 μs | 1.024 kHz |
| 0 | 1 | 1 | 1 | 1.953 125 ms | 512 Hz |
| 1 | 0 | 0 | 0 | 3.906 25 ms | 256 Hz |
| 1 | 0 | 0 | 1 | 7.812 5 ms | 128 Hz |
| 1 | 0 | 1 | 0 | 15.625 ms | 64 Hz |
| 1 | 0 | 1 | 1 | 31.25 ms | 32 Hz |
| 1 | 1 | 0 | 0 | 62.5 ms | 16 Hz |
| 1 | 1 | 0 | 1 | 125 ms | 8 Hz |
| 1 | 1 | 1 | 0 | 250 ms | 4 Hz |
| 1 | 1 | 1 | 1 | 500 ms | 2 Hz |

● 控制寄存器 B

| D7 | D6 | D5 | D4 | D3 | D2 | D1 | D0 |
|---|---|---|---|---|---|---|---|
| SET | PIE | AIE | UIE | SQWE | DM | 24/12 | DSE |

SET=0,时间更新正常进行,每秒计数 1 次;SET=1,禁止更新。

PIE=0,禁止周期中断输出到 IRQ;PIE=1,允许周期中断输出到 IRQ。

AIE=0,禁止闹钟中断输出到 IRQ;AIE=1,允许闹钟中断输出到 IRQ。

UIE=0,禁止更新结束中断输出到 IRQ;UIE=1,允许更新结束中断输出到 IRQ。UIE 位在复位或设置 SET 为高时清零。

SQWE 为方波允许位。SQWE=0,SQW 脚输出低;SQWE=1,SQW 输出设定频率的方波。

DM=0,二进制;DM=1,BCD 码。

24/12 位为 0 表示 12 小时制;为 1 表示 24 小时制。

DSE 为夏令时允许位。DSE=0,不采用夏令时;DSE=1,采用夏令时。

● 控制寄存器 C

| D7 | D6 | D5 | D4 | D3 | D2 | D1 | D0 |
|---|---|---|---|---|---|---|---|
| IRQF | PF | AF | UF | 0 | 0 | 0 | 0 |

IRQF 为中断请求标志位。$IRQF=PF\wedge PIE+AF\wedge AIE+UF\wedge UIE$。IRQF 一旦为高，IRQ 脚输出为低。

PF 为周期中断标志位。PF=1 表示方波周期结束，申请中断。

AF 为闹钟中断标志位。AF=1 表示当前时间与闹钟时间相匹配，申请中断。

UF 为更新中断标志位。UF=1 表示更新周期结束，申请中断。

注意：读寄存器 C 或复位后，所有标志位清零。

● 控制寄存器 D

| D7 | D6 | D5 | D4 | D3 | D2 | D1 | D0 |
|---|---|---|---|---|---|---|---|
| VRT | 0 | 0 | 0 | 0 | 0 | 0 | 0 |

VRT 为内部锂电池状态。VRT=1，锂电池正常；VRT=0，锂电池耗尽。

## 三、实践训练

1）实验目的

(1) 了解时钟日历芯片 DS12C887 的性能特点；

(2) 掌握 DS12C887 的工作原理及编程方法；

(3) 学会用时钟日历芯片、数码管、微处理器构成电子时钟。

2）实验设备

PC 机，XZNU MCUS-Ⅰ单片机实验箱 1 台，伟福 V8/L 型仿真器 1 台。

3）实验内容及说明

利用实时时钟芯片 DS12C887 和 6 位 LED 数码管构成一个电子时钟，显示时、分、秒。

对 DS12C887 的编程分为初始化编程与应用编程两部分。在计时之前，需要进行初始化设置，其目的是对控制寄存器 B 进行写入操作，使其停止计数，以便设置工作方式：对 A 寄存器进行写入操作，可设置中断周期和振荡频率；读状态寄存器 C 和 D，可清除原有的中断标志，并使芯片数据有效。然后对 B 寄存器写入，以启动计时开始。在 DS12C887 的正常计时过程中，若要读取并显示当前的时间或日期值时，应先对控制寄存器进行设置，停止计数，待读出数据后，再恢复计时操作。

4）实验电路及连线

时钟日历芯片 DS12C887 实验电路原理图如图 3.26 所示。使用专用连接导线，将接插件 J24 与 J9 的插孔按照顺序连接构成段数据通路，CSO1 端接 J29 的第 1 插孔；将 J25 与 J13 的插孔按照顺序连接构成位数据通路，CSO2 端接 J29 的第 2 插孔，J14 的 CS87 端与 J2 的 A15 端相接。

5）程序设计

(1) 流程图

时钟日历芯片 DS12C887 实验的主程序和定时中断程序流程如图 3.27 所示。

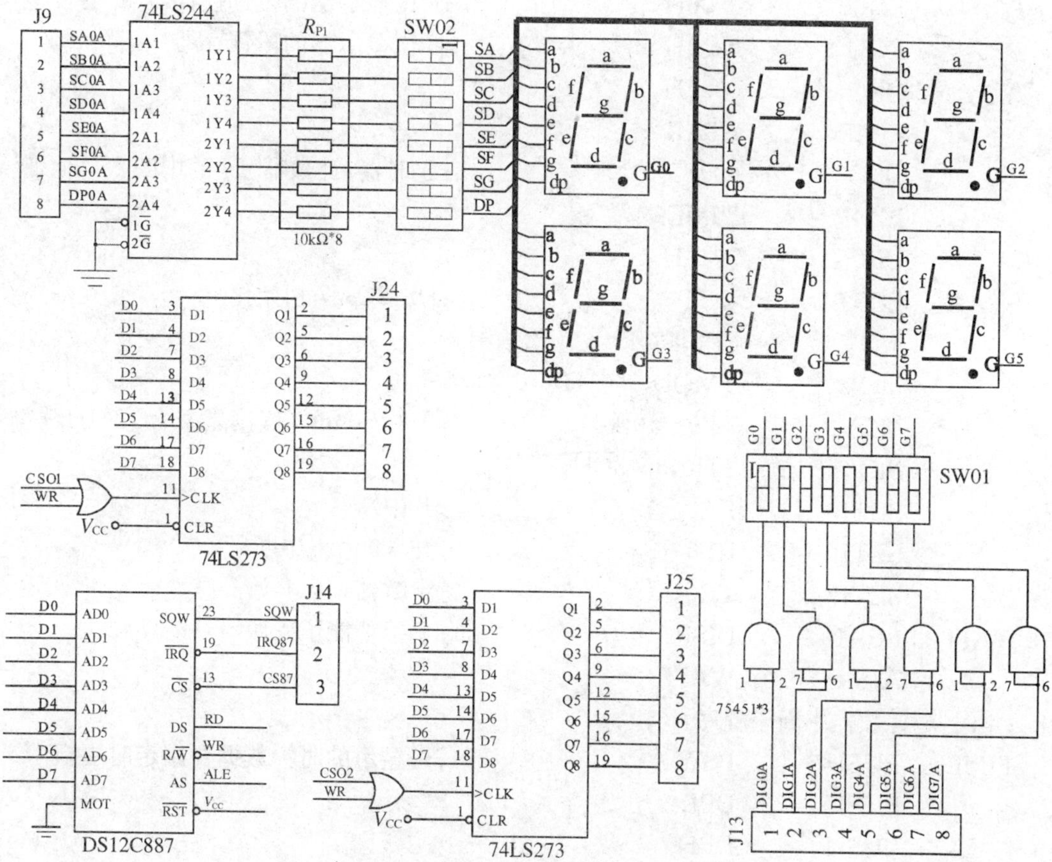


图 3.26　时钟日历芯片 DS12C887 实验电路原理图

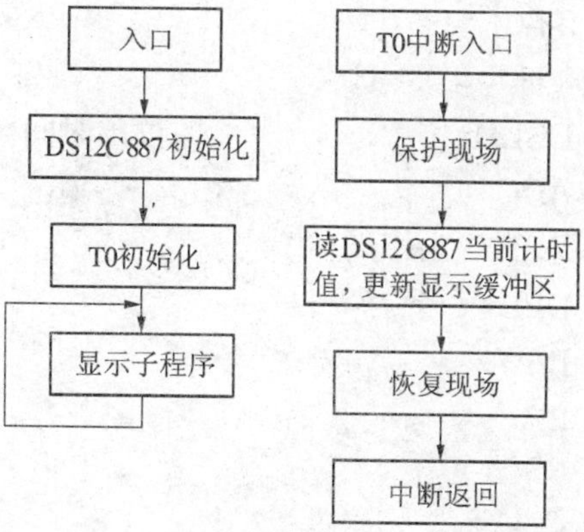


图 3.27　DS12C887 实验主程序和中断程序流程图

（2）参考程序

```
;(能读取年、月、时、分、秒值并能在 6 位数码管上显示时、分、秒的程序)：
CS12887AEQU        7F0AH        ;DS12C887 的 A 寄存器地址(可改)
CS12887BEQU        7F0BH        ;DS12C887 的 B 寄存器地址(可改)
CS12887  EQU       7F00H        ;DS12C887 的片选地址(可改)
CS12887CEQU        7F0CH
```

```
PPB     EQU     0800H           ;6 位显示器的位选锁存器
PPC     EQU     0000H           ;6 位显示器的段锁存器
        ORG     0000H
        SJMP    STAR
        ORG     000BH           ;定时器/计数器 T0 的中断入口地址
        LJMP    TIME0
        ORG     0040H
STAR:   LCALL   INIT            ;DS12C887 初始化
        MOV     SP,#30H
        MOV     TMOD,#01H
        MOV     TL0,#0B0H       ;定时 50 ms (假设晶振为 12MHz)
        MOV     TH0,#03CH
        SETB    EA              ;开中断
        SETB    ET0             ;开 T0 溢出中断
        SETB    TR0             ;定时器计数开始
WAIT:   LCALL   DISP            ;显示功能子程序
        AJMP    WAIT
;定时器/计数器中断子程序:
TIME0:  PUSH    PSW             ;送显示的时钟数据要用定时更新
        PUSH    DPL
        PUSH    DPH
        PUSH    ACC
        CLR     EA
        MOV     TL0,#0B0H
        MOV     TH0,#03CH
        LCALL   DS12T           ;读出时间数据存入内存
        POP     ACC
        POP     DPH
        POP     DPL
        POP     PSW
        SETB    EA
        RETI
;6 位数码管显示子程序:
DISP:   CLR     ET0
        MOV     R2, #0DFH       ;位控码
        MOV     R5, #6          ;数码管共有 6 位数
        MOV     R0, #65H        ;要显示的数据存入 60H~65H 中
DSP1:   MOV     DPTR,#PPB
        MOV     A, R2
        MOVX    @DPTR, A        ;置位控码
```

```
        MOV     A ,@R0
        CJNE    A, #0FFH, DSP2
        MOV     A, #21
DSP2:   MOV     DPTR, #TAB
        MOVC    A, @A+DPTR           ;查表,查出字形码
        MOV     DPTR,#PPC
        MOVX    @DPTR,A              ;字形码送显示
        lCALL   DEL0
        MOV     A,R2
        RR      A
        MOV     R2,A
        DEC     R0
        DJNZ    R5, DSP1
        SETB    ET0
        RET
TAB:    DB      3FH,06H,5BH,4FH      ;显示数值 0,1,2,3
        DB      66H,6DH,7DH,07H      ;4,5,6,7
        DB      7FH,6FH,77H,7CH      ;8,9,A,B
        DB      39H,5EH,79H,71H      ;C,D,E,F
        DB      73H,3EH,31H,6EH      ;P,U,Z,Y
        DB      0FFH,00H             ;8,灭
DEL0:   MOV     R6,#00H              ;延时子程序
TM:     MOV     R7,#01H
        DJNZ    R7, $
        DJNZ    R6,TM
        RET
;读取 DS12C887 当前时间值子程序:
DS12T:  MOV     DPTR,#CS12887A       ;判断更新是否结束,查询 UIP 位
        MOVX    A,@DPTR              ;UIP=0,可以读取时钟值
        JBC     ACC.7,DS12T          ;UIP=1,不能读取时钟值,等待
        MOV     R0, #60H
        MOV     DPTR, #CS12887
        LCALL   YMD                  ;60H、61H 存秒值
        INC     DPTR
        INC     DPTR
        LCALL   YMD                  ;62H、63H 存分值
        INC     DPTR
        INC     DPTR
        LCALL   YMD                  ;64H、65H 存时值
        INC     DPTR
```

```
        INC     DPTR
        MOVX    A,@DPTR
        MOV     @R0,A           ;66H 存星期值
        INC     R0
        INC     DPTR
        LCALL   YMD             ;67H、68H 存日期
        INC     DPTR
        LCALL   YMD             ;69H、6AH 存月份
        INC     DPTR
        LCALL   YMD             ;6BH、6CH 存年的个位、十位
        MOV     DPTR,#CS12887C
        MOVX    A,@DPTR         ;CLEAR C
        INC     DPTR
        MOVX    A,@DPTR
        MOV     DPTR,#CS12887B  ;更新周期正常运行
        MOV     A,#02H
        MOVX    @DPTR,A
        RET
YMD:    MOVX    A,@DPTR
        MOV     B,A
        ANL     A, #0FH
        MOV     @R0, A
        INC     R0
        MOV     A ,B
        SWAP    A
        ANL     A, #0FH
        MOV     @R0,A
        INC     R0
        RET
;DS12C887 初始化子程序:
INIT:   MOV     DPTR,#CS12887B
        MOV     A, #80H         ;设置 SET=1,禁止时间更新
        MOVX    @DPTR,A
        MOV     DPTR,#CS12887
        MOV     A,#35H          ;写入当前秒值:"35"
        MOVX    @DPTR,A
        INC     DPTR
        MOV     A,#0FFH         ;秒不报警(不闹秒)
        MOVX    @DPTR,A
        INC     DPTR
```

```
        MOV     A,#46H
        MOVX    @DPTR,A             ;写入当前分值:"46"分
        INC     DPTR
        MOV     A,#0FFH
        MOVX    @DPTR,A             ;分不报警(不闹分)
        INC     DPTR
        MOV     A,#10H
        MOVX    @DPTR,A             ;写入当前时值:"10"时
        INC     DPTR
        MOV     A,#0FFH             ;时不报警(不闹时)
        MOVX    @DPTR,A
        INC     DPTR
        MOV     A,#04H              ;DAY OF THE WEEK
        MOVX    @DPTR,A
        INC     DPTR
        MOV     A,#23H
        MOVX    @DPTR,A             ;写入当前日期:"23"日
        INC     DPTR
        MOV     A,#07H
        MOVX    @DPTR,A             ;写入当前月份:"07"月
        INC     DPTR
        MOV     A,#08H              ;写入当前年份:"08"年
        MOVX    @DPTR,A
        MOV     DPTR,#CS12887C
        MOVX    A,@DPTR             ;清中断标志
        INC     DPTR
        MOVX    A,@DPTR
        MOV     DPTR,#CS12887B      ;时间更新正常运行,禁止中断
        MOV     A,#02H              ;24小时制,不用夏令时
        MOVX    @DPTR,A
        RET
        END
```

6）思考题

（1）编写程序，用液晶显示器显示当前时钟值（年、月、日、时、分、秒），实现电子日历时钟；

（2）总结实验过程中所遇到的问题与解决的办法。

# 第四单元　MCS－51 单片机应用系统设计实例

## 模块一　数字式电压表设计

### 一、知识点

ADC0809 与单片机的接口方式与程序设计方法，可编程键盘/显示芯片 8279 的动态显示功能，数字量的标度变换。

### 二、知识点分析

ADC0809、8279 与单片机的接口方法与程序设计方法在第三单元已做过介绍，在此不再赘述。生产现场的各种参量，如温度、压力、流量、位移等有着不同的量纲，在单片机测控系统中，这些变量经过 A/D 转换均变为二进制数码；但在实际显示时，要求把经过 A/D 转换的数码（即采样值）再变换成参量的实际数值，这一过程称为标度变换。

### 三、实践训练

1）设计要求

设计一个用单片机控制的简易数字电压表。该电压表有一路模拟量输入，范围为 0～5 V。将采集的数据转换成工程量在 LED 数码管上显示。测量最小分辨率为 0.019 6 V，测量误差约为 0.02 V。

2）方案论证

数字式电压表是电压测量的常用仪器。按系统功能实现要求，决定采用 AT89C52 单片机作为控制核心，A/D 转换采用 ADC0809，显示部分由可编程 8279 键盘/显示器完成。数字式电压表系统硬件设计方案框图如图 4.1 所示。

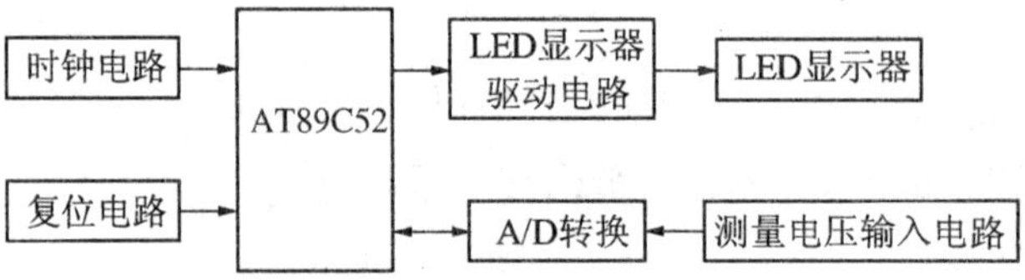


图 4.1　数字式电压表硬件设计方案框图

3）系统硬件电路设计

数字式电压表硬件电路设计如图 4.2 所示，显示部分使用可编程键盘/显示器 8279 芯片。

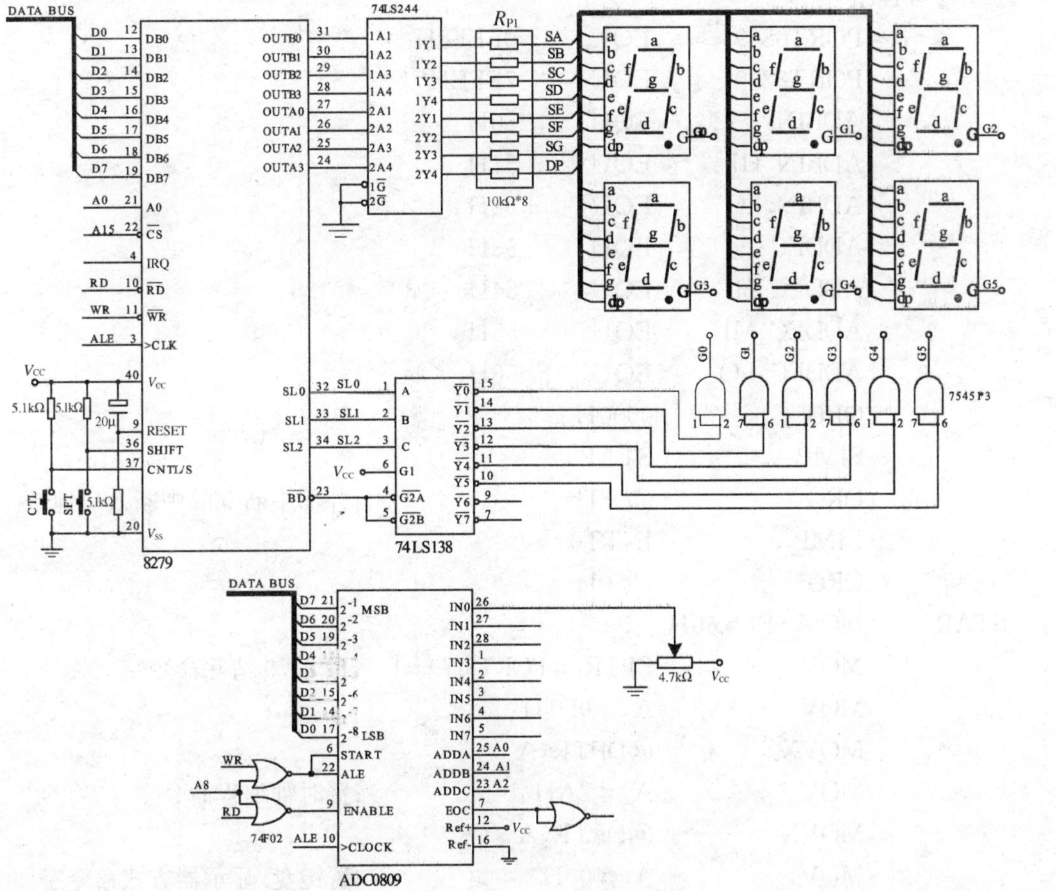


图 4.2　数字式电压表电路原理图

4）系统程序设计

（1）流程图

简易数字电压表系统的主程序流程图如图 4.3 所示。

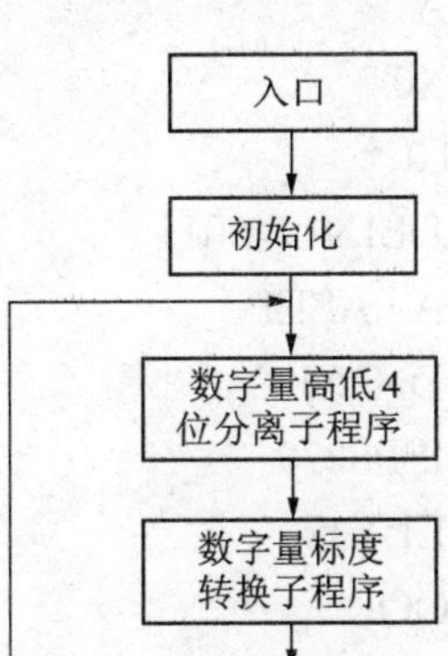


图 4.3　简易数字电压表系统主程序流程图

(2) 参考程序

```
PORT0809    EQU     0FEF8H
PORT8279    EQU     7FFEH
ADBIN       EQU     50H
ADBIN_HI    EQU     51H
ADBIN_LO    EQU     52H
ADDEC       EQU     53H
ADDEC_HI    EQU     54H
ADDEC_MI    EQU     55H
ADDEC_LO    EQU     56H
            ORG     0000H
            SJMP    STAR
            ORG     0003H               ;外部中断 0 的中断入口地址
            LJMP    INTT0
            ORG     0050H
STAR:       MOV SP,#60H
            MOV     DPTR,#PORT8279+1    ;置 8279 清除命令字
            MOV     A,#0D1H
            MOVX    @DPTR,A
            MOV     A,#2AH              ;置时钟编程命令字
            MOVX    @DPTR,A
            MOV     A,#00H              ;置键盘/显示器方式命令字
            MOVX    @DPTR,A
            MOV     DPTR,#PORT0809      ;启动 A/D 转换
            MOV     A,#00H
            MOVX    @DPTR,A
            SETB    EA                  ;开中断
            SETB    EX0
            SETB    IT0
            MOV     ADBIN,#00H
LOOP:       LCALL   DATASEP             ;分离数字量的高低 4 位
            LCALL   AD_CALC             ;数字量标度转换子程序
            LCALL   DISP8279            ;8279 显示子程序
            LCALL   DELY1               ;延时
            SJMP    LOOP
;分离高 4 位和低 4 位并依次存放在 51H、52H 中
DATASEP:PUSH        ACC
            MOV     A,ADBIN
            SWAP    A
            ANL     A,#0FH
```

```
            MOV      ADBIN_HI,A
            MOV      A,ADBIN
            ANL      A,#0FH
            MOV      ADBIN_LO,A
            POP      ACC
            RET
;A/D转换后的数字量进行标度转换
AD_CALC:PUSH ACC
            MOV      A,ADBIN          ;255/51=5.0
            MOV      B,#51
            DIV      AB
            MOV      ADDEC_HI,A       ;整数存入54H
            MOV      A,B
            CLR      F0
            CLR      C
            SUBB     A,#26
            MOV      F0,C
            MOV      A,#10
            MUL      AB
            MOV      B,#51
            DIV      AB
            JB       F0,COVLP1
            ADD      A,#5
COVLP1:     MOV      ADDEC_MI,A       ;小数后第1位存入55H
            MOV      A,B
            CLR      F0
            CLR      C
            SUBB     A,#26
            MOV      F0,C
            MOV      A,#10
            MUL      AB
            MOV      B,#51
            DIV      AB
            JB       F0,COVLP2
            ADD      A,#5
COVLP2:     MOV      ADDEC_LO,A       ;小数后第2位存入56H
            POP      ACC
            RET
;8279显示子程序
DISP8279:PUSH ACC
```

```
        PUSH    01H                 ;占用 R1
        MOV     DPTR,#PORT8279+1;置显示 RAM 命令字
        MOV     A,#90H
        MOVX    @DPTR,A
        MOV     DPTR,#PORT8279      ;置 8279 数据口
        MOV     R1,#ADBIN_HI
        MOV     A,@R1
        LCALL   TABLE
        MOVX    @DPTR,A
        MOV     DPTR,#PORT8279
        MOV     R1,#ADBIN_LO
        MOV     A,@R1
        LCALL   TABLE
        MOVX    @DPTR,A
        MOV     DPTR,#PORT8279
        MOV     A,#13H
        LCALL   TABLE
        MOVX    @DPTR,A
        MOV     DPTR,#PORT8279
        MOV     R1,#ADDEC_HI
        MOV     A,@R1
        LCALL   TABLE
        ORL     A,#80H              ;显示小数点
        MOVX    @DPTR,A
        MOV     DPTR,#PORT8279
        MOV     R1,#ADDEC_MI
        MOV     A,@R1
        LCALL   TABLE
        MOVX    @DPTR,A
        MOV     DPTR,#PORT8279
        MOV     R1,#ADDEC_LO
        MOV     A,@R1
        LCALL   TABLE
        MOVX    @DPTR,A
        POP     01H
        POP     ACC
        RET
TABLE:  INC     A
        MOVC    A,@A+PC             ;查段码
        RET
        DB 3FH,06H,5BH,4FH,66H,6DH,7DH,07H
```

```
        DB 7FH,6FH,77H,7CH,39H,5EH,79H,71H
        DB 80H,40H,73H,00H,3EH
DELY1:  MOV     R6,#255
DEL2:   MOV     R5,#255
DEL1:   DJNZ    R5,DEL1
        DJNZ    R6,DEL2
        RET
;用中断方式读取 A/D 转换结果
INTT0:  CLR     EA
        PUSH    PSW
        PUSH    ACC
        PUSH    DPL
        PUSH    DPH
        MOV     DPTR,#PORT0809      ;读取 A/D 转换结果
        MOVX    A,@DPTR
        MOV     ADBIN,A
        POP     DPH
        POP     DPL
        POP     ACC
        POP     PSW
        SETB    EA
        RETI
        END
```

5）思考题

（1）如果对3个通道的模拟量进行巡回采样、轮流显示，电路原理图与控制程序应如何设计？

（2）如果将显示部分改由其他接口芯片完成，应做哪些修改？

# 模块二 单片机与PC机小型通信系统设计

## 一、知识点

MCS-51单片机串行口(UART)的结构与控制，RS232C串行通信总线标准，异步串行通信的要求。

## 二、知识点分析

MCS-51单片机内部串行口有两个物理上独立的接收、发送缓冲器SBUF，可同时接收和发送数据。发送缓冲器只能写入不能读出，接收缓冲器只能读出不能写入，两个缓冲器占用

同一个地址(99H)。MCS－51 单片机中用两个特殊功能寄存器 SCON、PCON 控制串行接口的工作方式和波特率。SCON 命令格式如下:

| D7 | D6 | D5 | D4 | D3 | D2 | D1 | D0 |
|---|---|---|---|---|---|---|---|
| SM0 | SM1 | SM2 | REN | TB8 | RB8 | TI | RI |

SM0、SM1:串行口工作方式选择位,其定义如表 4.1 所示。

**表 4.1　串行口工作方式**

| SM0 SM1 | 工作方式 | 功能 | 波特率 |
|---|---|---|---|
| 0　0 | 方式 0 | 移位寄存器方式 | fosc/12 |
| 0　1 | 方式 1 | 8 位 UART | 可变(T1 溢出率/$n$,$n$=16 或 32) |
| 1　0 | 方式 2 | 9 位 UART | fosc/64 或 fosc/32 |
| 1　1 | 方式 3 | 9 位 UART | 可变(T1 溢出率/$n$,$n$=16 或 32) |

SM2:多机通信控制位,主要用于方式 2 和方式 3 中。接收状态,当 SM2＝1 时,且接收到的第 9 位数据 RB8 为 1 时,才把接收到的前 8 位数据送入 SBUF,且置位 RI 发中断申请,否则将接收到的数据放弃。当 SM2＝0,不论接收到的第 9 位 RB8 为 0 还是 1,都将前 8 位数据送入 SBUF,并发出中断申请。方式 0 时,SM2＝0;方式 1 时,SM2＝1,只有接收到有效的停止位时,才能置位 RI。

REN:允许串行接收位,由软件置位或清零。REN＝1 时,允许接收;REN＝0 时,禁止接收。

TB8:发送数据的第 9 位。在方式 2 和方式 3 时,由软件置位或复位,可做奇偶校验位。在多机通信中,可作为区别地址帧或数据帧的标识位,一般约定地址帧时,TB8 为 1;数据帧时,TB8 为 0。

RB8:接收数据的第 9 位,功能同 TB8。

TI:发送中断标志位。在方式 0 中,发送完 8 位数据后,由硬件置位;其他方式中,在发送停止位之初由硬件置位。TI 是一帧数据发送完的标志,可用指令"JBCTI,rel"来查询是否发送结束。TI＝1 时,可向 CPU 申请中断,中断响应后,必须由软件清零。

RI:接收中断标志位。在方式 0 中,接收完 8 位数据后,由硬件置位;其他方式中,在接收停止位的中间由硬件置位。RI 是一帧数据接收完的标志,可通过指令"JBCRI,rel"来查询是否接收完一帧数据。RI＝1 时,可向 CPU 申请中断,中断响应后,必须由软件清零。

PCON 的最高位(SMOD)为波特率倍增位,SMOD＝1 时,波特率加倍;SMOD＝0 时,波特率不加倍。

RS232C 是美国电气工业协会推广使用的一种串行通信总线标准。完整的 RS232C 总线由 25 根信号线组成,但在一般应用中只需要 3 根线即可完成通信。RS232C 最大传输距离为 15 m,最高传输速率约为 20 kbps。RS232C 采用负逻辑,即逻辑"1"为－15～－5 V,逻辑"0"为＋5～＋15 V;CMOS 电平的逻辑"1"为 4.99 V,逻辑"0"为 0.01 V;TTL 电平的逻辑"1"和"0"则分别为 2.4V 和 0.4V。因此在用 RS232C 总线进行串行通信时需外接电路实现电平转换,实际常采用 MAX232 芯片。

异步串行通信中要求通信双方必须具有相同的数据收发格式和波特率。另外,为了保证通信的顺利进行,双方事先必须约定通信协议。

## 三、实践训练

1）设计要求

设计一个单片机与 PC 机间的小型通信系统。按单片机控制板上 4 个按键中的任何一个，在 PC 机的串口调试软件中就会显示按下的是哪个按键；在 PC 机的串口调试软件窗口中的字符串输入框中输入 0～F 的任意一个字符，单击"发送"，单片机接收后，就在 LED 数码管上显示相应的字符。

2）方案论证

串行通信技术是构建单片机应用系统的关键技术，尤其是构建网络控制单片机应用系统。MCS-51 单片机的串行接口是全双工的，它能做通用异步接收/发送器（UART）。其 I/O 端口使用的是 TTL 或 CMOS 电平；而 PC 机的串行通讯口是标准的 RS232 电平，二者在连接时应有必要的电平转换，本设计中电平转换采用 MAX232 芯片。图 4.4 为单片机与 PC 机小型通信系统设计方案的硬件电路框图。

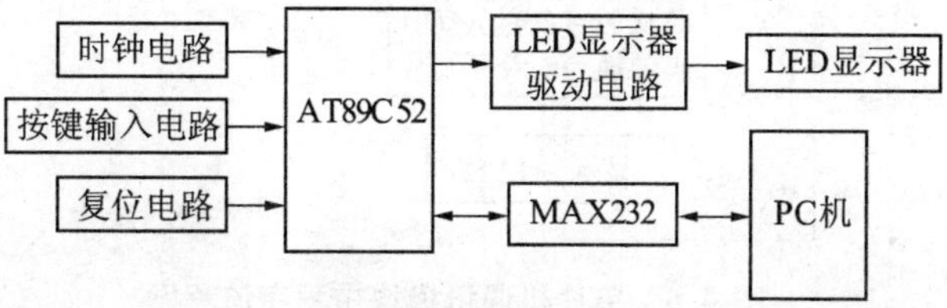


**图 4.4　单片机与 PC 机小型通信系统硬件电路设计框图**

3）系统硬件电路设计

单片机与 PC 机小型通信系统硬件电路设计图如图 4.5 所示。

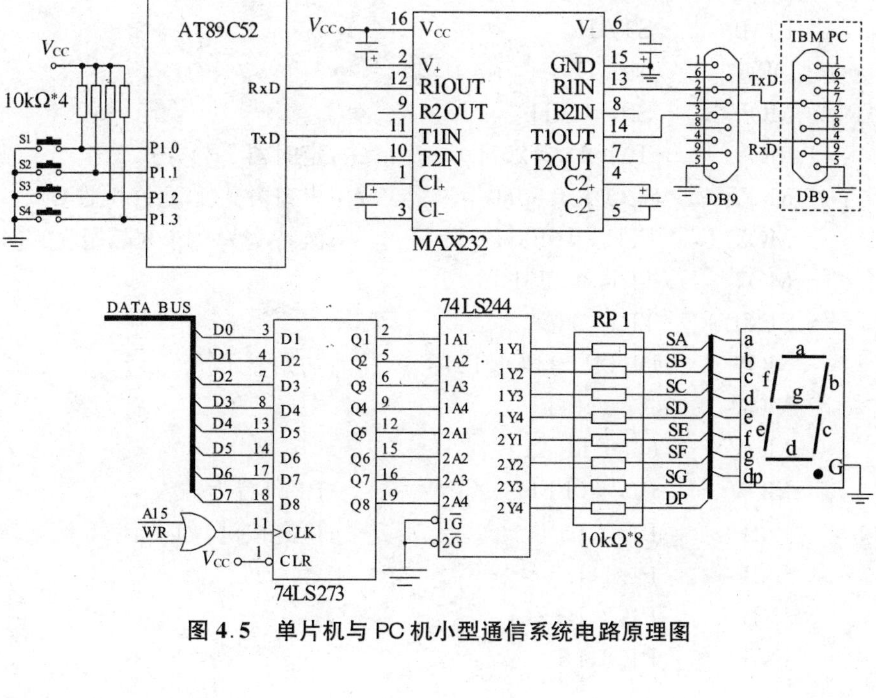


**图 4.5　单片机与 PC 机小型通信系统电路原理图**

4) 系统程序设计

(1) 流程图

单片机通讯模块的主程序流程如图 4.6 所示。

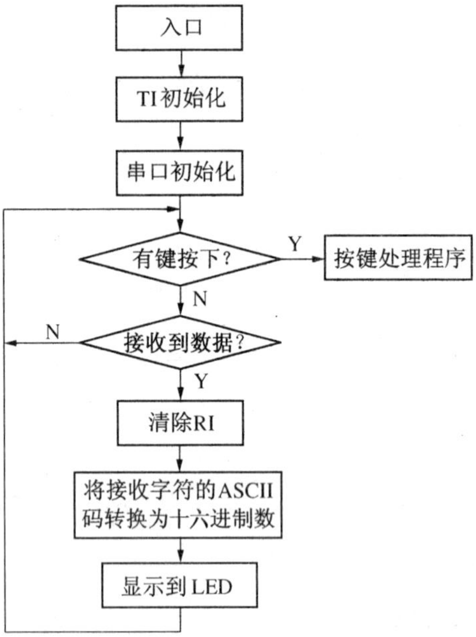


图 4.6　单片机通讯模块主程序流程图

(2) 参考程序

```
PORT273 EQU    7F00H
RDATA   EQU    20H
        ORG    0000H
        LJMP   STAR
        ORG    0100H
STAR:   MOV    SP,#60H
        MOV    TMOD,#20H         ;定时器 1 为方式 2
        MOV    SCON,#50H         ;串口方式 1,允许接收
        MOV    TH1,#0F3H         ;波特率为 1 200(晶振为 6 MHz)
        MOV    TL1,#0F3H
        SETB   TR1
        MOV    DPTR,#PORT273     ;初始显示'—'
        MOV    A,#40H
        MOVX   @DPTR,A
        MOV    P1,#0FFH          ;P1 口置为输入
LOOP:   JNB    P1.0,L1           ;检测按键,如果 P1.0 按下转 L1
        JNB    P1.1,L2
        JNB    P1.2,L3
        JNB    P1.3,L4
```

```
        JNB     RI,LOOP             ;等待接收1个字符
        CLR     RI
        MOV     A,SBUF              ;接收到的字符送A
        MOV     20H,A
        LCALL   CHANGE              ;ASCII码转为十六进制数
        LCALL   DISP                ;在LED上显示
        SJMP    LOOP
L1:     MOV     DPTR,#S1KEY         ;置发送字符串标头
SENDA:  CLR     A
        MOVC    A,@A+DPTR
        CJNE    A,#'$',SENDA1
        AJMP    LOOP                ;遇到$则从头开始
SENDA1: MOV     SBUF,A              ;发送数据
        JNB     TI,$                ;等待上次发送结束
        CLR     TI
        INC     DPTR
        LJMP    SENDA
L2:     MOV     DPTR,#S2KEY
        AJMP    SENDA
L3:     MOV     DPTR,#S3KEY
        AJMP    SENDA
L4:     MOV     DPTR,#S4KEY
        AJMP    SENDA
S1KEY: DB 0DH,0AH,0DH,0AH,'你按的是P1.0键',0DH,0AH,'$'
S2KEY: DB 0DH,0AH,0DH,0AH,'你按的是P1.1键',0DH,0AH,'$'
S3KEY: DB 0DH,0AH,0DH,0AH,'你按的是P1.2键',0DH,0AH,'$'
S4KEY: DB 0DH,0AH,0DH,0AH,'你按的是P1.3键',0DH,0AH,'$'
CHANGE: MOV     A,20H
        CLR     C
        SUBB    A,#30H
        MOV     20H,A
        SUBB    A,#0AH              ;ASCII码减30H后是否大于9
        JC      BACK
        MOV     A,20H
        SUBB    A,#07H              ;大于9则再减去7
        MOV     20H,A
BACK:   RET
DISP:   MOV     DPTR,#PORT273
        MOV     A,20H
        ANL     A,#0FH
```

```
          ACALL    TABLE              ;转换为段码送数据口显示
          MOVX     @DPTR,A
          RET
TABLE:    INC      A
          MOVC     A,@A+PC
          RET
          DB 3FH,06H,5BH,4FH,66H,6DH,7DH,07H
          DB 7FH,6FH,77H,7CH,39H,5EH,79H,71H
          END
```

5）思考题

(1) 将 RS-232C 接口数据传送的波特率从 1 200 改为 2 400,实验程序应如何修改?

(2) 总结实践训练过程中所遇到的问题及解决的办法。

# 模块三　单片机音乐演奏控制器设计

## 一、知识点

MCS-51 单片机内部定时/计数器的定时中断,单片机音乐演奏的原理。

## 二、知识点分析

定时/计数器是单片机非常重要的功能部件,其定时中断功能可以实现一定时长的定时,适用于多种应用场合。

声音是由物体振动而产生,振动的频率不同,发出的声音也就不同;有规律的振动发出的声音叫"乐音"。乐谱中的每一个音符都与某一特定频率相对应。

单片机音乐演奏控制器是通过控制单片机内部定时器的定时时间来产生不同频率的方波,经放大后驱动扬声器发出不同音节的声音;利用软件延时来控制发音时间的长短,从而控制节拍。把乐谱中的音符和相应的节拍变换为定时常数和延时常数,作为数据表格存放在存储器中,由程序查表得到定时常数和延时常数,控制定时器产生相应的方波频率和该频率方波的持续时间。当延时常数确定的延时时间到时,再查下一个音符的定时常数和延时常数,依次进行下去,就可演奏悦耳动听的乐曲了。

## 三、实践训练

1）设计要求

以 MCS-51 单片机为控制核心,设计一个单曲音乐演奏系统。要求能够用简捷的扬声器电路演奏乐曲"生日快乐",并且在乐曲播放的同时实现不同频率的 LED 指示灯闪烁。

2）方案论证

由于MCS-51单片机内部含有2个16位定时/计数器，因此选用51系列单片机作为控制核心。依据单片机乐曲演奏的原理，辅以必要的外围发声电路，并通过灵活的编程，即可实现单片机音乐演奏。图4.7为单片机音乐演奏控制系统设计方案的硬件电路框图。

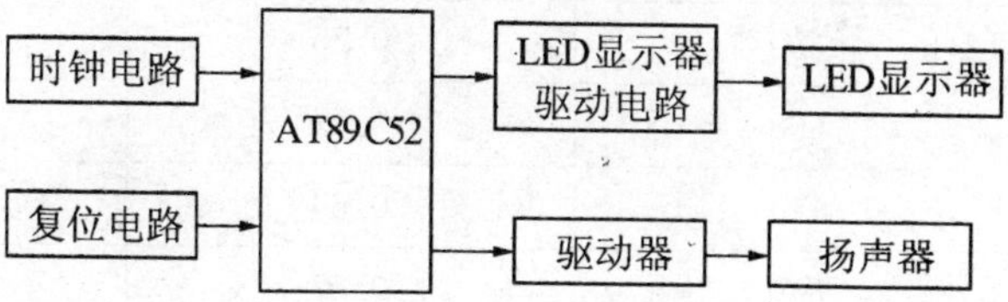


**图4.7 单片机音乐演奏控制系统硬件电路设计框图**

3）系统硬件电路设计

单片机音乐演奏控制系统硬件电路设计如图4.8所示，P1口驱动8个LED发光二极管，P3.5通过晶体三极管连接扬声器。

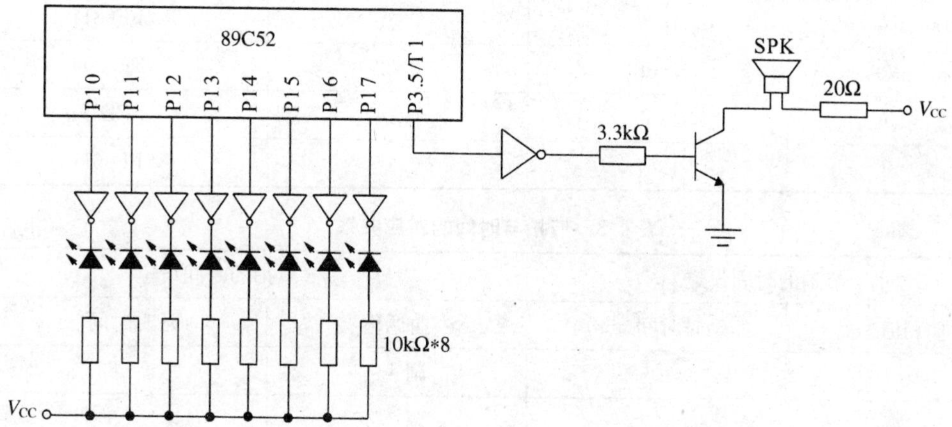


**图4.8 单片机音乐演奏控制系统电路原理图**

4）系统程序设计

设定单片机晶振频率为12 MHz，C调时各音符频率及其相应的定时常数之间的关系见表4.2；节拍与时间的对应关系见表4.3。

**表4.2 C调时各音符频率及其相应的定时常数对应关系**

| C调音符 | 频率(Hz) | 半周期(ms) | 定时常数 |
|---|---|---|---|
| 低1 DO | 262 | 1.90 | F894H |
| 低2 RE | 294 | 1.70 | F95CH |
| 低3 ME | 330 | 1.51 | FA1AH |
| 低4 FA | 349 | 1.43 | FA6AH |
| 低5 SO | 392 | 1.28 | FB00H |
| 低6 LA | 440 | 1.14 | FB8CH |
| 低7 SI | 494 | 1.01 | FC0EH |

续表 4.2

| C 调音符 | 频率(Hz) | 半周期(ms) | 定时常数 |
|---|---|---|---|
| 中 1 DO | 523 | 0.95 | FC4AH |
| 中 2 RE | 587 | 0.85 | FCAEH |
| 中 3 ME | 659 | 0.76 | FD08H |
| 中 4 FA | 698 | 0.72 | FD30H |
| 中 5 SO | 784 | 0.64 | FD80H |
| 中 6 LA | 880 | 0.57 | FDC6H |
| 中 7 SI | 988 | 0.51 | FE02H |
| 高 1 DO | 1046 | 0.47 | FE2AH |
| 高 2 RE | 1175 | 0.42 | FE5CH |
| 高 3 M | 1318 | 0.38 | FE84H |
| 高 4 FA | 1397 | 0.36 | FE98H |
| 高 5 SO | 1568 | 0.32 | FEC0H |
| 高 6 LA | 1760 | 0.28 | FEE8H |
| 高 7 SI | 1967 | 0.25 | FF06H |

表 4.3　节拍与时间的对应关系

| 1/4 节拍的时间设定 | | 1/8 节拍的时间设定 | |
|---|---|---|---|
| 曲调值 | 延时时间(ms) | 曲调值 | 延时时间(ms) |
| 调 4/4 | 125 | 调 4/4 | 62 |
| 调 3/4 | 187 | 调 3/4 | 94 |
| 调 2/4 | 250 | 调 2/4 | 125 |

(1) 流程图

单片机音乐演奏控制程序流程如图 4.9 所示。

(2) 参考程序

```
ORG     0000H
        LJMP    START
        ORG     000BH
        LJMP    TIME0
        ORG     0100H
START:  MOV     SP,#50H
        MOV     TMOD,#01H        ;T0 设为方式 1
        MOV     IE,#82H          ;允许 T0 中断
        MOV     P1,#00H
        MOV     DPTR,#TAB
LOOP:   CLR     A
```

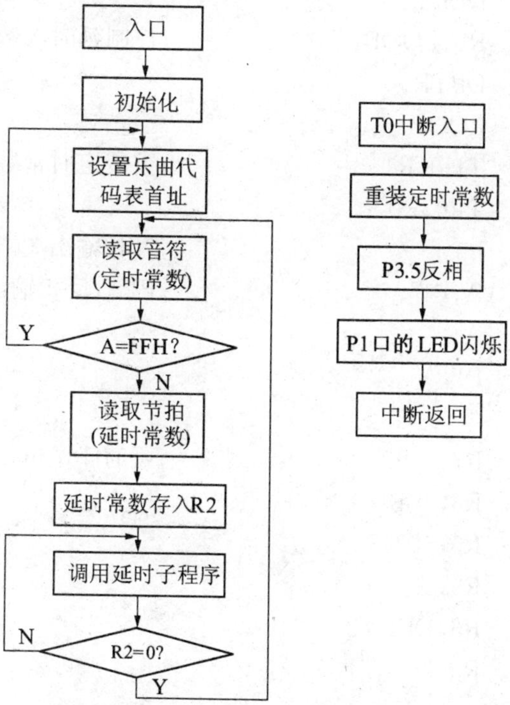


图 4.9　单片机音乐演奏控制程序流程图

```
        MOVC   A,@A+DPTR        ;查表
        MOV    R1,A             ;定时常数高 8 位送 R1
        INC    DPTR
        CLR    A
        MOVC   A,@A+DPTR        ;查表
        MOV    R0,A             ;定时常数低 8 位送 R0
        ORL    A,R1
        JZ     NEXT1            ;全 0 为休止符
        MOV    A,R0
        ANL    A,R1
        CJNE   A,#0FFH,NEXT     ;全 1 表乐曲结束
        SJMP   START            ;从头开始循环演奏
NEXT:   MOV    TH0,R1           ;装入定时常数高 8 位
        MOV    TL0,R0           ;装入定时常数低 8 位
        SETB   TR0
        SJMP   NEXT2
NEXT1:  CLR    TR0
NEXT2:  CLR    A
        INC    DPTR
        MOVC   A,@A+DPTR        ;查延时常数
        MOV    R2,A             ;延时常数存 R2
```

```
LOOP1: LCALL   DELY
       DJNZ    R2,LOOP1          ;控制延时次数
       INC     DPTR
       LJMP    LOOP
TIME0: MOV     TH0,R1            ;重装定时常数
       MOV     TL0,R0
       CPL     P3.5              ;反相输出
       MOV     A,P1              ;P1 口反相输出
       CPL     A
       MOV     P1,A
RETI
DELY:  MOV     R7,#02            ;延时 187 ms
DELY1: MOV     R6,#187
DELY2: MOV     R5,#248
       DJNZ    R5,$
       DJNZ    R6,DELY2
       DJNZ    R5,DELY1
       RET
TAB:   DB 0FDH,80H,03H,0FDH,80H,01H
       DB 0FDH,0C6H,04H,0FDH,80H,04H
       DB 0FEH,2AH,04H,0FEH,02H,04H
       DB 00H,00H,04H
       DB 0FDH,80H,03H,0FDH,80H,01H
       DB 0FDH,0C6H,04H,0FDH,80H,04H
       DB 0FEH,5CH,04H,0FEH,2AH,04H
       DB 00H,00H,04H
       DB 0FDH,80H,03H,0FDH,80H,01H
       DB 0FEH,0C0H,04H,0FEH,84H,04H
       DB 0FEH,2AH,04H,0FEH,02H,04H
       DB 0FDH,0C6H,04H
       DB 0FEH,98H,03H,0FEH,98H,01H
       DB 0FEH,84H,04H,0FEH,2AH,04H
       DB 0FEH,5CH,04H,0FEH,2AH,04H
       DB 00H,00H,04H
       DB 0FFH,0FFH               ;结束码
       END
```

5）思考题

（1）如何将音乐的节拍设定得更为准确一些？

（2）总结实践训练过程中所遇到的问题及解决的办法。

# 模块四　小型直流电机转速控制系统设计

## 一、知识点

MCS-51单片机对DAC0832的接口方式与编程方法，电动机调速的工作原理。

## 二、知识点分析

DAC0832与单片机的连接与编程方法在第三单元中已做过介绍，此处不再赘述。在工业生产中，大量采用电动机作为原动机去拖动各种生产机械。这些生产机械要求在不同工况下以不同的速度工作，这就要求采用一定的方法改变生产机械的工作速度，最常用的方法是对电动机转速进行调节，改变直流电动机的电枢电压或交流电动机的定子电压，都可在一定范围内调整它们的速度。在电压允许范围之内，直流电动机的转速随着电压的升高而加快；直流电动机转动方向则是由电压的正负来控制的，电压为正则正转，电压为负则反转。

## 三、实践训练

1）设计要求

利用DAC0832编制程序输出一串脉冲，经放大后驱动小型直流电动机。改变输出脉冲的电平及持续时间，达到使电机正转、反转、加速、减速之目的。设计中可以通过MCS-51单片机的P1口读入8个开关状态来控制直流电机的转动，实现正转的四种转速和反转的四种转速。

2）方案论证

以单片机为控制核心，通过常用芯片DAC0832，编制程序输出一串脉冲，经放大后驱动小型直流电动机。

DAC0832输出脉冲的占空比决定直流电动机的转速大小，正向占空比越大则电机正转越快；反向占空比越小电机转速越快。本设计中DAC0832的模拟量输出为双极性，当输入数字量小于80H时输出为负，输入数字量等于80H时输出为0 V，输入数字量大于80H时输出为正。图4.10为小型直流电动机转速控制系统设计方案的硬件电路框图。

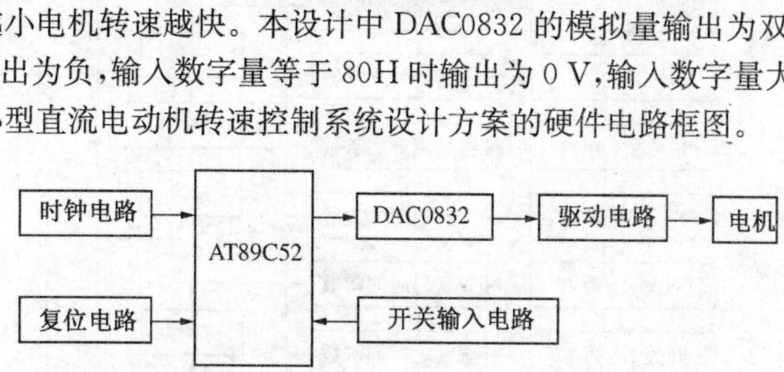


**图4.10　小型直流电动机转速控制系统硬件电路设计框图**

3）系统硬件电路设计

小型直流电动机转速控制系统硬件电路设计如图4.11所示，P1口接8个电平开关，DAC0832采用双极性输出。

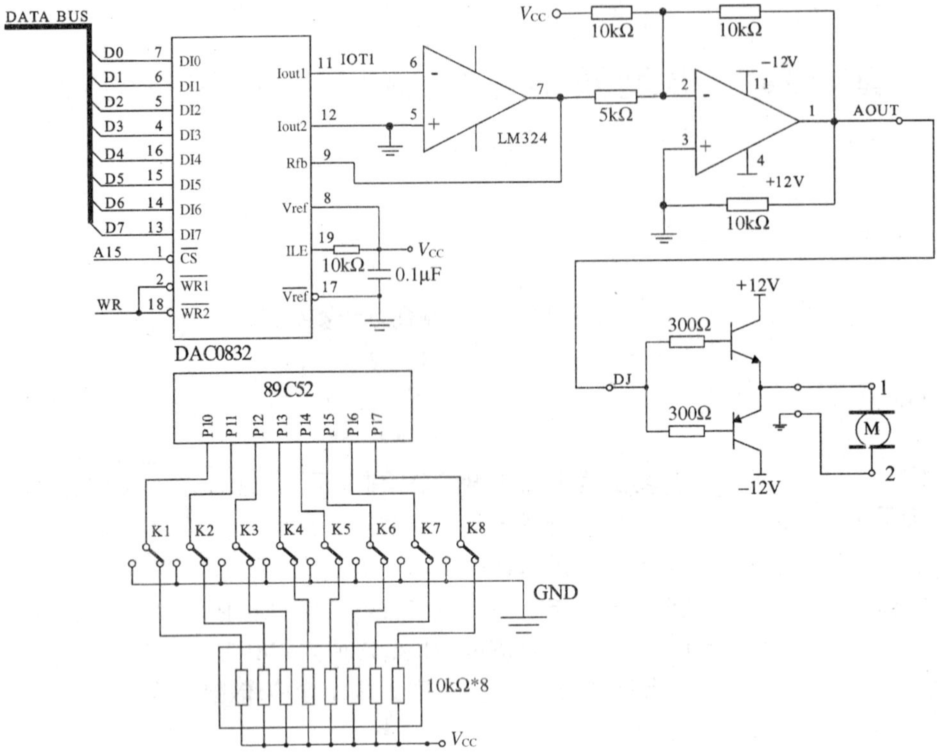


**图 4.11　小型直流电机转速控制系统电路原理图**

4）系统程序设计

(1) 流程图

小型直流电动机转速控制系统程序流程如图 4.12 所示。

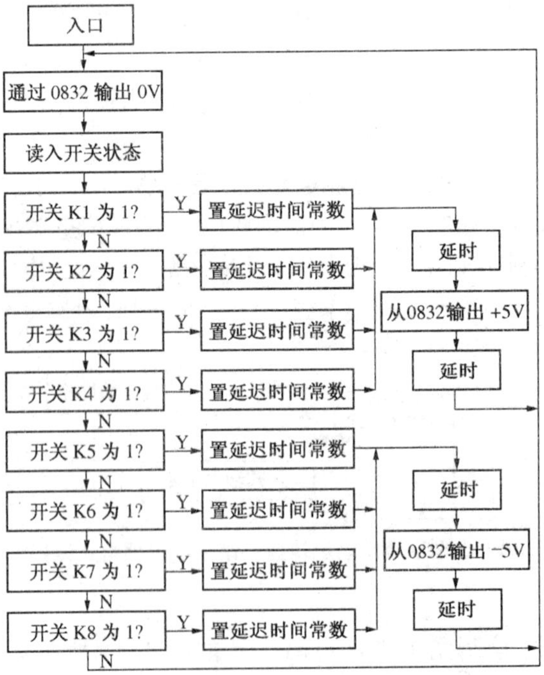


**图 4.12　小型直流电动机转速控制程序流程图**

(2) 参考程序

```
        PORT1   EQU  7FFFH
        ORG     0000H
        LJMP    START
        ORG     0100H
START： CLR     EA
        CLR     EA
MOT1：  MOV     DPTR,#PORT1        ;向 0832 输入 80H,使其输出 0 V
        MOV     A,#80H
        MOVX    @DPTR,A
        MOV     P1,#0FFH           ;P1 置为输入
        MOV     A,P1               ;读入开关状态
        JB      ACC.0,Z1           ;ACC.0 为 1 转 Z1
        JB      ACC.1,Z2
        JB      ACC.2,Z3
        JB      ACC.3,Z4
        JB      ACC.4,N1
        JB      ACC.5,N2
        JB      ACC.6,N3
        JB      ACC.7,N4
        LJMP    MOT1
Z4：    MOV     R3,#80H            ;80H 对应一个周期内 0 V 保持时间
        MOV     A,#30H             ;30H 对应一个周期内+5 V 保持时间
        MOV     R2,A
Z42：   DJNZ    R3,Z42             ;这段时间 0832 输出 0 V
        MOV     A,#0FFH            ;向 0832 输入 FFH,使其输出+5 V
        MOV     DPTR,#PORT1
        MOVX    @DPTR,A
Z43：   DJNZ    R2,Z43             ;这段时间 0832 输出+5 V
        LJMP    MOT1
Z3：    MOV     R3,#80H
        MOV     A,#40H
        MOV     R2,A
        LJMP    Z42
Z2：    MOV     R3,#80H
        MOV     A,#60H
        MOV     R2,A
        LJMP    Z42
Z1：    MOV     R3,#80H
        MOV     A,#80H
```

```
        MOV     R2,A
        LJMP    Z42
N1:     MOV     R3,#20H
        MOV     A,#20H
        MOV     R2,A
N11:    DJNZ    R2,N11              ;延迟,0832 输出 0 V
        MOV     A,#00H              ;让 0832 输出－5 V
        MOV     DPTR,#PORT1
        MOVX    @DPTR,A
N12:    DJNZ    R3,N12              ;这段时间 0832 输出－5 V
        LJMP    MOT1
N2:     MOV     R3,#60H
        MOV     A,#80H
        MOV     R2,A
        LJMP    N11
N3:     MOV     R3,#40H
        MOV     A,#80H
        MOV     R2,A
        LJMP    N11
N4:     MOV     R3,#30H
        MOV     A,#80H
        MOV     R2,A
        LJMP    N11
        LJMP    START
        END
```

5）思考题

（1）要实现直流电动机转速的测量与显示,应如何调整软、硬件?

（2）总结实践训练过程中所遇到的问题及解决的办法。

# 模块五　单片机步进电机控制系统设计

## 一、知识点

步进电机的结构与分类,步进电机的工作原理与控制方法,MCS-51 单片机与步进电机接口方法与编程控制。

## 二、知识点分析

步进电机是将电脉冲信号转变为角位移或线位移的开环控制元件。在非超载的情况下,电机转速、停止的位置只取决于脉冲信号的频率和脉冲数，而不受负载变化的影响，当步进驱动器接收到一个脉冲信号，它就驱动步进电机按设定的方向转动一个固定的角度（称为"步距角"），它的旋转是以固定的角度一步一步运行的。可以通过控制脉冲个数来控制角位移量，从而达到准确定位的目的；同时可以通过控制脉冲频率来控制电机转动的速度和加速度，从而达到调速的目的。步进电机可以作为一种控制用的特种电机，利用其没有积累误差（精度为100%）的特点，广泛应用于各种开环控制。

步进电机的定子绕组可以是任意相数，常用的有三相制、四相制、五相制和六相制4种。根据转子结构不同，步进电机分为3种：反应式步进电机（VR）、永磁式步进电机（PM）和混合式步进电机（HB）。其中以反应式步进电机结构最为简单，应用最广泛。

步进电机的相绕组的通电方式通常有单拍方式、双拍方式和单双拍方式3种。其转动方向与相绕组的通电次序有关，改变相绕组的通电次序即可以改变其转向，表4.4给出了常见的三相（A相、B相、C相）反应式步进电机的转动方向与通电次序的关系。其他相步进电机的转动方向与通电次序的关系可以依此推出。

**表4.4　常见三相反应式步进电机转动方向与通电次序关系**

| 通电方式 | 通电次序 | 转动方向 |
|---|---|---|
| 单三拍方式 | A→B→C→A | 正转 |
| | A→C→B→A | 反转 |
| 双三拍方式 | AB→BC→CA→AB | 正转 |
| | AC→CB→BA→AC | 反转 |
| 单双六拍方式 | A→AB→B→BC→C→CA→A | 正转 |
| | A→AC→C→BC→B→BA→A | 反转 |

## 三、实践训练

1）设计要求

以单片机为核心，设计一个小型步进电机控制系统。利用74LS273输出脉冲序列，经驱动后控制步进电机。开关K1～K6控制步进电机的转速（6挡转速），开关K7、K8控制步进电机的转向。要求K1～K6中任一开关和K7、K8中某一开关同时为'1'时步进电机启动，其他情况下步进电机不工作。

2）方案论证

考虑到步进电机的工作特点，用单片机控制步进电机最为合适。

通过软件编程，单片机可以非常方便地实现步进电机控制的脉冲分配；本设计中小型步进电机驱动电路选用集成芯片ULN2003，它是高压大电流达林顿晶体管阵列系列产品，具有电流增益高、工作电压高、温度范围宽、带负载能力强等特点，适用于各类要求高速大功率驱动的系统。ULN2003由7组达林顿晶体管阵列和相应的电阻网络以及钳位二极管网络构成，具有同时驱动7组负载的能力。为了防止单片机或控制信号等受到后级模拟电路的干扰，设计了光电隔离接口，以便把数字信号和模拟信号隔离开。步进电机选用三相，电流脉冲的施加采用双三拍方式。图4.13为步进电机控制系统设计方案的硬件电路设计框图。

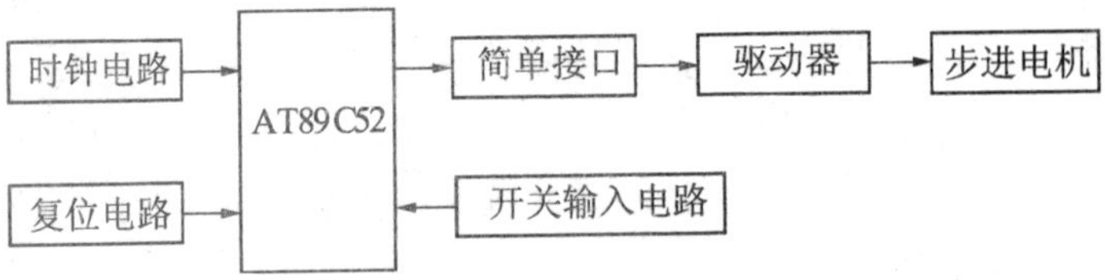


**图 4.13　步进电机控制系统硬件电路设计框图**

3）系统硬件电路设计

步进电机控制系统硬件电路原理图如图 4.14 所示。P1 口接 8 个电平开关，用于步进电机转速及旋转方向的设定。对步进电机的控制有并行和串行两种方式，本系统采用并行控制，脉冲信号由单片机通过简单并行接口 74LS273 送出。小型步进电机的驱动选用典型集成芯片 ULN2003。

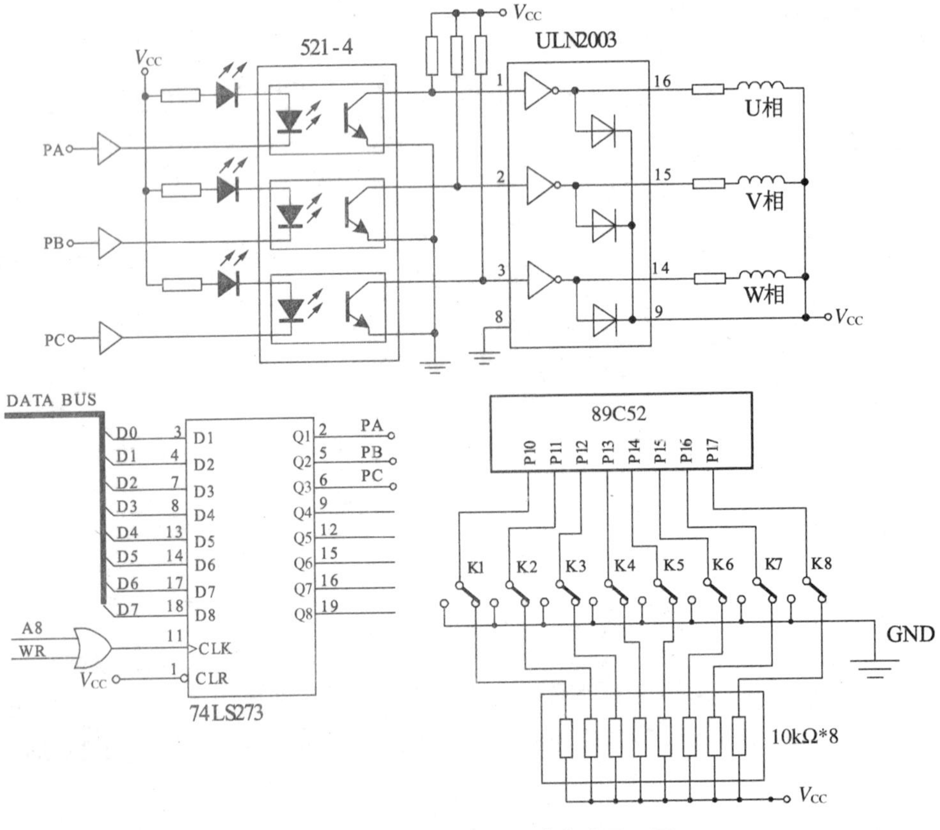


**图 4.14　步进电机控制系统电路原理图**

4）系统程序设计

（1）流程图

步进电机控制系统程序流程如图 4.15 所示。

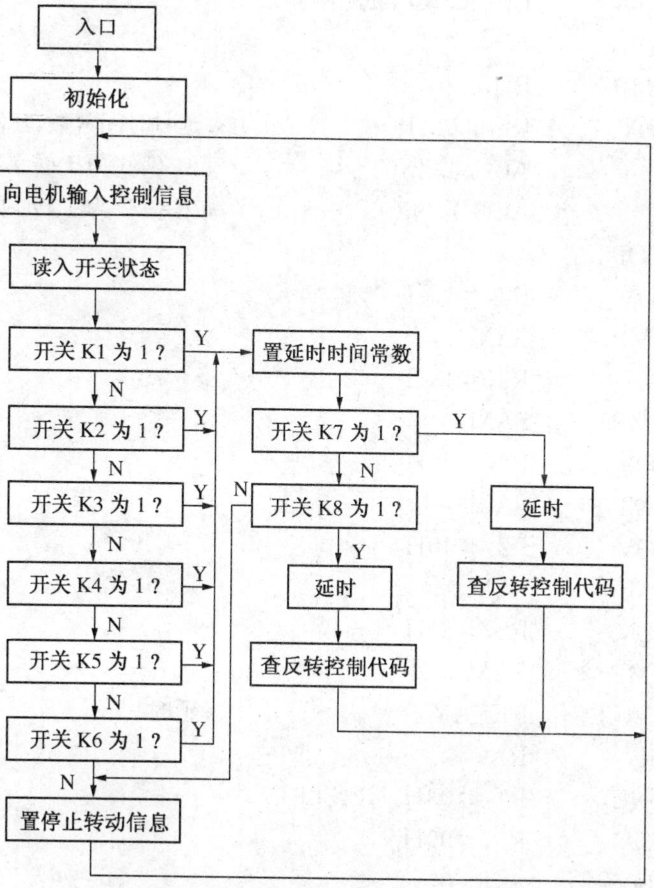


**图 4.15　步进电机控制程序流程图**

(2) 参考程序

```
         PORT1    EQU   0FE00H
         ORG      0000H
         LJMP     MAIN
         ORG      0010H
MAIN:    MOV      DPTR,#PORT1
         MOV      A,#03H
         MOV      R1,#00H              ;偏移量初值
BJ1:     MOVX     @DPTR,A              ;向电机输入控制信息
         MOV      P1,0FFH              ;读入开关状态
         MOV      A,P1
         JB       ACC.0,A0             ;ACC.0 为 1 转 A0
         JB       ACC.1,A1
         JB       ACC.2,A2
         JB       ACC.3,A3
         JB       ACC.4,A4
         JB       ACC.5,A5
```

```
STOP:   MOV     DPTR,#PORT1
        MOV     A,#00H
        LJMP    BJ1
A0:     MOV     R2,#08H          ;延时时间常数,其值越大电机转速越慢
SAM:    JB      ACC.6,ZX0        ;ACC.6为1转ZX0,正转
        JB      ACC.7,NX0        ;ACC.7为1转NX0,反转
LJMP    STOP
A1:     MOV     R2,#10H
        LJMP    SAM
A2:     MOV     R2,#18H
        LJMP    SAM
A3:     MOV     R2,#20H
        LJMP    SAM
A4:     MOV     R2,#40H
        LJMP    SAM
A5:     MOV     R2,#80H
        LJMP    SAM
ZX0:    LCALL   DELAY            ;延时
        INC     R1
        CJNE    R1,#03H,NEXT1
        MOV     R1,#00H
NEXT1:  MOV     A,R1
        ADD     A,#20H
        MOVC    A,@A+PC          ;查控制代码
        MOV     DPTR,#PORT1
        LJMP    BJ1
NX0:    LCALL   DELAY
        INC     R1
        CJNE    R1,#03H,NEXT2
        MOV     R1,#00H
NEXT2:  MOV     A,R1
        ADD     A,#10H
        MOVC    A,@A+PC
        MOV     DPTR,#PORT1
        LJMP    BJ1
DELAY:  MOV     R6,#0A0H
DE1:    DJNZ    R6,DE1
        DJNZ    R2,DELAY
RET
        DB 03H,06H,0CH           ;正转代码表
```

```
DB 03H,05H,06H                ;反转代码表
END
```

5）思考题

（1）如果上述三相步进电机的控制采用单双六拍方式，应如何修改软件？

（2）总结实践训练过程中所遇到的问题及解决的办法。

# 第五单元　单片机系统设计制作题选

单片机应用系统是指以单片机为核心，配以一定的外围电路和软件，能实现某种或几种功能的应用系统，它一般由硬件和软件两部分组成。硬件是系统工作的基础，软件则是在硬件的基础上对其进行合理的调配和使用，从而实现应用系统所要完成的功能。同时，为保证系统可靠工作，在软硬件的设计中还应包括抗干扰设计。本单元选择部分单片机应用系统设计制作课题，供读者进一步学习单片机技术时选用。

## 模块一　电源及报警类

### 课题 1　数控直流电源

功能描述：

(1) 输出电压范围 0～+9.9 V；步进 0.1 V；纹波不大于 10 mV。

(2) 输出电流 500 mA。

(3) 输出电压值由数码管显示。

(4) 由“+”、“−”两键分别控制输出电压步进增减。

### 课题 2　可编程直流稳压电源

功能描述：

(1) 把可编程直流稳压电源当作单片机的一个外围设备，给它的数据锁存器 DLR 规定一个恰当的地址码。

(2) 当单片机执行指令 N→DLR(将数据 N 送给锁存器 DLR)后，该电源的输出电压值 V0 为$\frac{1}{10}$，其中 N 是 8 bit 的二进制码数据，设输出电压最高为 10 V。

(3) 在单片机给 DLR 送入新的数据之前，该电源输出电压变化量的绝对值不超过 20 mV，条件是交流电网电压的有效值范围为 190～250 V；输出电流范围为 0～80 mA；环境温度范围为 10℃～35℃。输出电压的实际值与计算所得理论值误差的绝对值不超过 0.01 V。

### 课题 3　火灾报警器

功能描述：

(1) 装置对火灾能自动探测、报警和控制。

(2) 安设烟雾传感器及感温的差温传感器，能对室内的烟雾与温度的突变进行报警。

(3) 对于传感器的布线故障、内部元件的损坏能进行声光报警。

(4) 如果两个传感器中有一个动作表示室内有异常现象(如烟雾浓度过大或室内温差大

于设定值），装置能发出异常报警信号。

(5) 如果烟雾、温度传感器同时动作，说明有火灾，装置能发出火灾报警。

(6) 火灾报警 10 s 后不解除，则启动灭火器；灭火器喷气前，还能发出停机、关门等顺序动作信号。

(7) 故障、异常、火灾报警声音各不相同，有明显的区别。

### 课题 4　电话自动报警系统

功能描述：

(1) 语音迅速通报有关信息，自动拨通火警电话，发出火灾地点及求援信息，通过移动电话通知其他相关人员。

(2) 医疗急救报警。按下床边（或其他某个地方）的相关按钮，通过电话通知家属、急救医生等。

(3) 防盗报警。通过检测探知有人入室，若在一定时间内不能消除报警，则拨通主人事先留下的电话，循环送出信息，若电话三遍拨不通，则自动拨通主人事先留下的备用电话。

### 课题 5　多输入端报警电路

功能描述：

(1) 报警输入控制端 32 个，报警音响信号输出端 1 个。

(2) 报警输入端中的任意一端出现报警信号时，电路自动发出类似报警的音响信号。

(3) 报警音响信号持续 10 s 自动停止。如果输入信号继续存在，报警音响信号重新启动。

(4) 音量、持续时间等参数，均可通过“↑”、“↓”键调整。

### 课题 6　竞赛抢答器

功能描述：

(1) 在智力抢答赛中，主持人按下“开始”按钮，抢答开始。如果有选手在比赛过程中按下抢答按钮，则该选手桌前的抢答灯亮，30 s 内该选手如做出正确回答则加分，反之则减分。

(2) 如果 30 s 内该选手还未做出回答视为违规处理，桌前蜂鸣器响，示意回答失败做减分处理。

(3) 在抢答还未开始前，如果有选手抢先按下抢答按钮也视为违规，桌前抢答灯亮起，蜂鸣器响，做减分处理。

(4) 在比赛过程中，主持人可以按下分数显示按钮来显示每位选手的得分。

## 模块二　显示器及计时器

### 课题 1　单片机控制的 LED 显示阵列

功能描述：

(1) 显示器有 16 行 256 列(16×256)，由发光二极管组成。

(2) 可显示 15 个汉字，也可以组成英文显示。

(3) 显示内容与显示方式预先固化在 EPROM 中，工作过程中，可通过按钮进行选择。

(4) 显示的图形应清晰，不得有闪烁、重叠等现象出现。

(5) 为了减少器件数量，要求用动态扫描方式驱动发光二极管阵列。

(6) 当前设定的显示选择不应因交流供电中断而改变，即要改变当前选择功能，应有人为按键操作。

(7) 具有检测控制功能，可以通过检测控制对元器件的工作状态进行检测，以便维护。

(8) 具有与上位机进行串行通信的功能，并有扩展外部随机存储器，实现由上位机传送显示内容和显示方式的功能。

## 课题 2　LED 大屏幕显示

功能描述：

(1) 以单片机为主控制器，扩展必要的外部电路，设计制作一个 16×128 点阵的 LED 显示屏，使之能显示 16×16 点阵的汉字 8 个。

(2) 显示内容可以通过键盘进行输入和修改。

## 课题 3　智能电脑钟

功能描述：

(1) 将用户所提供的作息时间表存入存储器，按作息时间的要求进行定时响铃(用扬声器)。

(2) 具有定时功能。将用户所提供的定时时间表输入单片机，对被控对象进行任意时间间隔的定时启动、停止控制(最小时间间隔为 1 min)。

(3) 具有跑表功能。能实现计时的清零、启动和停止，并显示累计时间(计时间隔 1 ms～9 min)。

(4) 具有功能选择开关和相应的操作按键，做时钟时用 6 位数码管分别显示时、分、秒，做跑表时显示 1 min、10 s、100 ms、10 ms 和 1 ms。

## 课题 4　数字电子钟

功能描述：

(1) 用单片机作控制器，设计一个有“时”、“分”、“秒”(23 小时 59 分 59 秒)显示且有校时功能的电子钟。

(2) 有闹钟系统。

(3) 有万年历系统。

## 课题 5　电子宠物

功能描述：

(1) 以单片机为核心设计一个在 16×16 点阵 LED 上呈动态输出的电子宠物。

(2) 电子宠物随着时间的流逝会渐渐长大，也会饿死和不开心。

(3) 电子宠物如果一直没人照顾，将会死亡。

(4) 具有喂食系统，可给宠物喂食。

(5) 电子宠物在饥饿时，会提醒主人喂食。

## 课题 6　多路信号显示器

功能描述：

(1) 配合单踪示波器使用，在示波器荧光屏上显示多路波形。

(2) 同时显示 4 路以上的模拟信号且清晰稳定(4 路信号不一定要做到同时显示，交替显示亦可)。

(3) 被测信号的上限频率为 1 MHz。

## 课题 7　简易电阻、电容和电感参数测试仪

功能描述：

(1) 测量范围：电阻 100 Ω～1 MΩ；电容 100～10 000 pF；电感 100 μH～10 mH。测量精度：5%。用 4 位数码管显示器显示测量数值，并用发光二极管显示所测元件的类型和单位。

(2) 扩大测量范围；提高测量精度；实现测量量程自动转换。

电阻、电容和电感参数测试仪框图如图 5.1 所示。

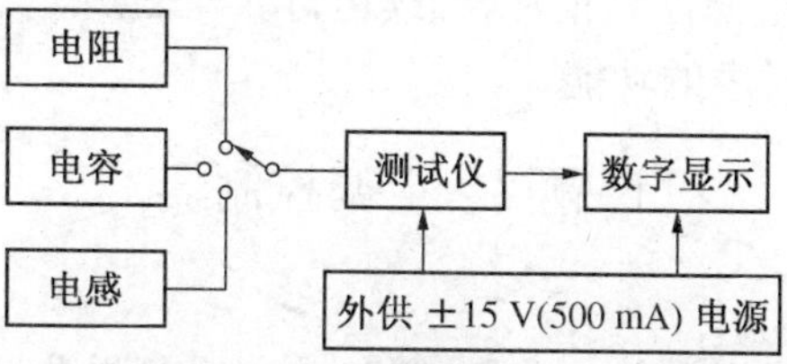


图 5.1　电阻、电容和电感参数测试仪框图

## 课题 8　简易数字频率计

功能描述：

(1) 频率测量。① 测量范围：信号：方波、正弦波；幅度：0.5～5 V；频率：1～1 MHz。② 测量误差不大于 0.1%。

(2) 周期测量。① 测量范围：信号：方波、正弦波；幅度：0.5～5 V；频率：1～1 MHz。② 测量误差不大于 0.1%。

(3) 脉冲宽度测量。① 测量范围：信号：脉冲波；幅度：0.5～5 V；脉冲宽度：不小于 100 μs。② 测量误差不大于 1%。

(4) 显示器。显示十进制数字，显示刷新时间 1～10 s 连续可调，上述 3 种测量功能分别用不同颜色的发光二极管显示。

(5) 具有自校功能，时标信号频率为 1 MHz。

(6) 自行设计并制作满足本设计任务要求的稳压电源。

## 课题 9　数字显示的趣味游戏机

功能描述：

(1) 以单片机为核心设计一个数字显示的趣味游戏机。

(2) 设计程序使 LED 数码管可以显示 0～9 的随机数。

(3) 利用一个自锁开关作为控制按钮，在按下的时候，LED 数码管上不断跳动的数字会

停下来。

(4) 利用中断延时程序让 3 个 LED 数码管上的数字在不同时间上停下来。

# 模块三　控制器电路

## 课题 1　洗衣机控制器

功能描述：

(1) 具备正常运行功能、循环试机功能与快速试机功能。

(2) 正常工作顺序：进水、浸泡、洗衣、排水及甩干。

(3) 异常情况：进水超时、排水超时、甩干碰桶及电压异常。

(4) 辅助功能：显示状态、蜂鸣及延迟操作等。

(5) 电源适应要求：供电电源的电压范围为 160～260 V，当电源超出范围时，程控器自动报警，同时保存实时数据，使电源恢复正常，继续运行。

(6) 具有人为设定操作时序的功能。

## 课题 2　空调控制器

功能描述：

(1) 控制器既可控制普通空调机，也可控制“一拖二”空调机。

(2) 实现两个房间的温度测量与显示。

(3) 能根据实际室温与设定温度来控制压缩机、风机的启停及实现房间的切换。

(4) 具有实时时钟，能据此设定时间。

(5) 具有遥控功能。

## 课题 3　水温控制器

功能描述：

(1) 控制对象为 1 L 净水，容器为搪瓷器皿。

(2) 温度设定范围为 40～90℃，最小区分度为 1℃，标定温差不大于 1℃。

(3) 环境温度降低(如用电风扇降温)时，温度控制的静态误差不大于 1℃。

(4) 用数码管显示水的实际温度。

## 课题 4　恒温室内温度控制器

功能描述：

(1) 接收并显示当前的室内、外温度，测量误差不大于 0.3℃，温度范围为－50～＋50℃。

(2) 实现室内温度设定。

(3) 显示日期、时间。

(4) 根据室内外温度选择加热或制冷工作方式，并控制相应的设备工作。

(5) 控温误差在±1℃范围之内。

(6) 在外部供电系统断电时仍有计时功能。

(7) 具有记录电网供/停电情况及来电时间的功能。

## 课题 5　温度控制器

功能描述：

(1) 测温和控温的范围为室温 20～30℃(实时控制)。

(2) 控温精度为±1℃。

(3) 控温通道输出为双向晶闸管或继电器，一路转换触点为市电 220 V、10A。

(4) 用数码管显示实际温度。

## 课题 6　音乐播放器

功能描述：

(1) 音乐播放器利用单片机的定时器产生乐谱的各种频率方波，信号经放大后由喇叭发出声音，选取某段音乐后由单片机连续播放。

(2) 实现多曲选择播放控制、停止控制、省电模式控制等功能。

(3) 实现 3 个按键：播放/停止、下一曲和上一曲。

(4) 4 位 LED 显示器用来显示所选曲目。在播放期间为了省电模式，设计关闭显示器显示状态；当一首歌曲演奏结束或选曲时，显示器才显示曲目信息。

## 课题 7　电子琴

功能描述：

(1) 设定开关或按钮 1 闭合自动播放乐曲 1；设定开关或按钮 2 闭合自动播放乐曲 2。

(2) 设定开关或按钮 3 为手动弹奏乐曲。用 21 个按键开关分别控制产生低音“1、2、3、4、5、6、7”，中音“1、2、3、4、5、6、7”和高音“1、2、3、4、5、6、7”。

(3) 利用单片机端口 I/O 线或扩展 I/O 口线形成 3×8 矩阵式键盘完成上述按键的分配。

## 课题 8　简易无线电遥控系统

功能描述：

(1) 工作频率：在 6 Hz～10 MHz 中任选一种频率。

(2) 调制方式：在 AM、FM 或 FSK 中任选一种。

(3) 输出功率：不大于 20 mW(在标准 75 负载上)。

(4) 遥控对象：8 个被控设备用 LED 代替，LED 发光表示工作。

(5) 接收机距离发射机不小于 10 m。

(6) 8 路设备中的一路为电灯，可用指令遥控电灯的亮度，亮度分为 8 级并用数码管显示级数。在一定发射功率(不大于 20 mW)下，尽量增大接收距离；增加信道抗干扰措施；降低电源功耗。

无线电遥控发射机和接收机如图 5.2、图 5.3 所示。

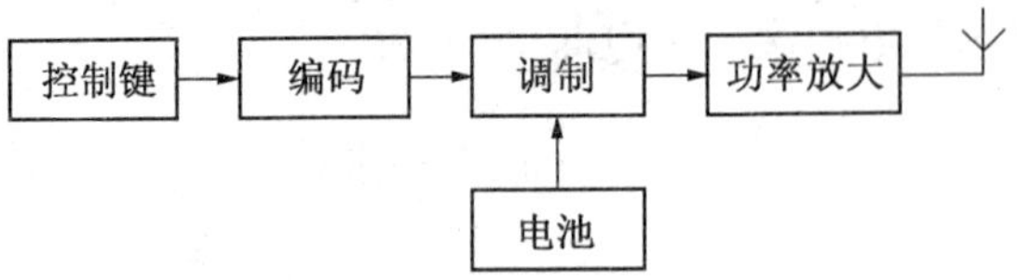


**图 5.2　无线电遥控发射机框图**

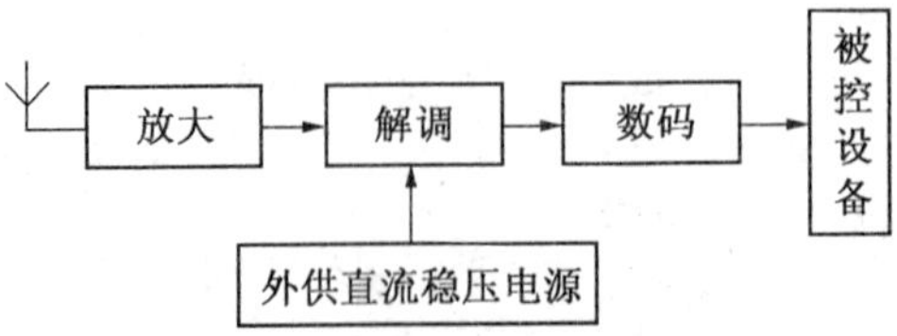


**图 5.3　无线电遥控接收机框图**

### 课题 9　简易计算器

功能描述：

(1) 以单片机为核心设计一个简易计算器。

(2) 采用 4×4(或其他形式)键盘，16 个键依次对应“0～9”、“＋”、“－”、“×”、“/”、“＝”和清零。

(3) 可进行小于 255 的数的加减乘除运算，并可进行连续运算。

(4) 当输入值大于 255 时，将自动清零，需重新输入。

## 模块四　波形产生及变换

### 课题 1　低频信号发生器

功能描述：

(1) 利用单片机产生正弦波、方波、锯齿波等波形。

(2) 对正弦波的要求。频率范围：0.1 Hz～10 kHz；频率误差：小于 0.1%；电压范围：0～5 V(有效值)。

(3) 对方波的要求。频率范围：0.01 Hz～100 kHz；频率误差：小于 0.1%；电压范围：0～10 V(峰峰值)。

(4) 对锯齿波的要求。频率范围：0.01 Hz～100 kHz；频率误差：小于 0.1%；电压范围：0～20 V(峰峰值)。

(5) 能通过键盘输入指令显示当前所产生的信号类型和信号频率、电压。输出级的输出电阻小于 0.5 Ω，最大输出电流不小于 50 mA。

### 课题 2　波形发生器

功能描述：

(1) 以单片机为主控制器，扩展适当的接口电路。

(2) 通过功能选择，使波形发生器分别输出阶梯波、正弦波、三角波、方波。

(3) 产生单极性和双极性两种输出。

## 课题 3　波形变换电路

功能描述：

(1) 以单片机为主控制器，将信号发生器所产生的正弦波信号采样存入数据存储器中，然后通过 D/A 转换将数字信号转换为正弦波信号，并将两种正弦波信号送入示波器进行比较。

(2) 被转换的正弦波信号应能设置为多路输入、多路输出。

(3) 在电路中设置小键盘，由键盘输入数据改变采样频率和其他参数，观察输入/输出波形的变化。键盘接口采用 8155 芯片，输入数据的存储单元的 8155 的 RAM 区。

波形变换电路的参考电路框图如图 5.4 所示。

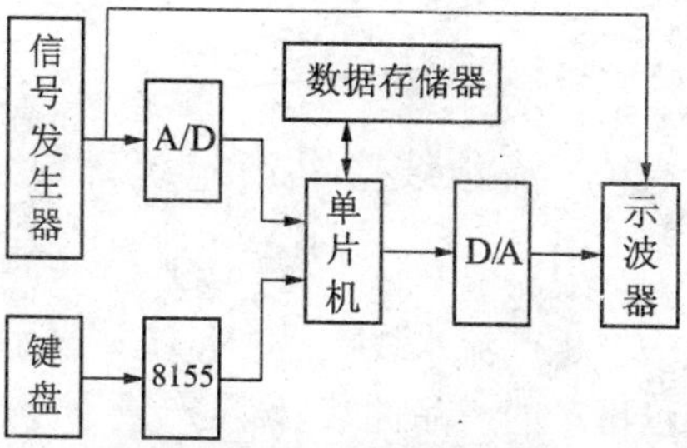


**图 5.4　波形变换电路框图**

## 课题 4　实用信号源

功能描述：

(1) 正弦波信号源。信号频率：20 Hz～20 kHz，步进调整，步长 1 Hz。

(2) 脉冲波信号源。信号频率：20 Hz～20 kHz，步进调整，步长 1 Hz。脉冲占空比：2%～98%。步进可调，步长 2%。

(3) 频率可预置。

(4) 在负载为 600 Ω 时，输出幅度为 3 V。

(5) 采用 5 位数码管来显示频率。

## 课题 5　低频波发生器

功能描述：

(1) 用单片机实现锯齿波、方波、三角波和正弦波的输出。

(2) 输出的每一种波形都有 1 Hz、10 Hz、100 Hz、1 kHz 和 10 kHz 5 种可选频率。

(3) 输出电压在 0～5 V 之间可调(峰峰值)。

(4) 使用 5 位数码管来显示频率。

(5) 频率误差小于 1%。

## 课题 6　频率特性测试仪

功能描述：

(1) 以单片机为主控制器，设计一个频率特性测试系统，包含测试信号源、被测网络、检波及显示 3 个部分。

(2) 设计幅频特性测试仪，要求频率范围为 100 Hz～100 kHz；频率步进为 10 Hz；频率稳定度为 10～4；测量精度为 5%。能在全频范围和特定频率范围内自动步进测量，也可手动预置测量范围及步进频率值。LED 显示，频率显示为 5 位，电压显示为 3 位，并能打印输出。

(3) 设计一被测网络，要求电路形式为阻容双 T 网络，中心频率为 5 kHz，带宽为 ±50 Hz。计算出网络的幅频和相频特性，并绘制出相位曲线。

(4) 设计相频特性测试仪，要求频率范围为 500 Hz～10 kHz。相位值显示为 3 位，符号显示为 1 位。

(5) 频率误差小于 1%。

# 模块五　测量电路

## 课题 1　生产流水线产品产量统计显示系统

功能描述：

(1) 以单片机为核心设计一个生产流水线产品产量统计显示系统。

(2) 用 4 位数码管动态显示班产的产品件数(设班产量不超过 10 000 件)。

(3) 设计一个计数开关，当某班开始生产时，将该开关置于高电平，系统开始统计，并动态显示班产量；将开关置于低电平，则停止计数，显示器清零，班产量存入指定存储单元备用。产量用 LCD 显示器显示。

## 课题 2　数字频率计

功能描述：

(1) 测量频率范围：直流耦合：30 Hz～10 MHz；交流耦合(1 MΩ)：30 Hz～10 MHz；交流耦合(50 Ω)：3 Hz～10 MHz。

(2) 测量功能：频率、周期。

(3) 测量通道：两个。

(4) 输入信号：有效值 20 mV～5 V。

(5) 具有输入保护功能，瞬间电压不超过±20 V 时，不损坏输入级。

(6) 具有量程自动切换/手动切换功能，量程自动切换时，应保证频率计数最高位有效。完成一次测量的时间不应超过 100 ms。显示数字分辨率 7 位。具有显示消隐功能。供电电源 220 V±22 V，频率 50 Hz±1 Hz。

## 课题 3　锅炉监控仪

功能描述：

(1) 设外部测量信号有温度、压力、压差、负压烟气含氧量等，均已经由传感器转为电压量；电压范围已调整至 0～5 V。

(2) 输出控制包括控制电动机构、报警电铃、调速电机等的输出信号，主要有 220 V 交流和 0～10 mA 直流两种。

(3) 具有打印接口,能将结果打印输出。

(4) 能巡回显示或定点显示有关信息,如相关数据、日历、时钟等;具有显示报警的功能。

## 课题 4　智能出租车计价器

功能描述:

(1) 以单片机为核心,辅以一些外围电路组成。

(2) 计价器功能:计时时钟、里程计价。

(3) 显示信息:时钟;每千米价格,价格分白天价与夜间价,根据时钟计时值自动切换;累计价格,已行驶里程;中间停车时,显示等待时间,并累计等待价格。

(4) 有关操作:设定里程的白天价、夜间价及对应的时间区间;设定候时价、起价及起价里程;校定计时时钟。

(5) 计量要求:计程误差小于 0.1 km;计时误差小于 2 min/天;计价误差不大于 0.1 km 与里程价之积。

## 课题 5　人体健康监测器

功能描述:

(1) 能实时监测人体的体温、脉搏和心律,用 4 位数字显示,其中 1 位作为功能识别,其余 3 位显示数据,体温显示有 1 位小数。

(2) 具有心跳指示灯,能同步显示心跳情况。

(3) 具有超常报警功能。

(4) 能存储较长时间(如 24 h)的监测数据,利用串行口与微型计算机进行通信,将存储数据进行打印分析。

## 课题 6　热敏电阻温度计

功能描述:

(1) 测量温度:10～150℃。

(2) 温度误差:不大于 0.5%。

(3) 温度用 4 位数码管显示。

(4) 用热敏电阻作为温度检测元件。

## 课题 7　恒定电位仪

功能描述:

(1) 输出电压范围为直流 2～48 V,可任意设定。

(2) 误差小于 5 mV。

(3) 步长为 1 mV。

(4) 能对实验中的电位值、电流值进行采样并加以存储。

(5) 有数据显示和打印功能。

### 课题 8　数字存储显示电路

功能描述：

(1) 以普通示波器为基础，用存储、读出电路来实现低频、非周期性或单次性信号的稳定显示。

(2) 被检测的输入信号幅值范围是 0～5 V，频率为 0 Hz～1 kHz。

(3) 信号的存储容量为 2 k×8 bit。

(4) 显示存储信号时，输出频率在 10 Hz～1 kHz 之间可调。

### 课题 9　多点测温系统

功能描述：

(1) 技术性能要求：供电电压：交流(220±22)V、(50±1)Hz 或直流 6 V；测温点数：8～16 点，可扩展；测温范围：0～99.9℃；误差：小于±0.5℃。

(2) 测量方式：巡回检测结果可存储，也可随时监视。巡回检测的时间间隔可以通过键盘输入来设定。

(3) 数据记录：边测边存，可以设定时间一次打印，也可随机打印，数据不应丢失。

(4) 显示方式：有自动巡回显示、固定显示某一个测温通道(手工选择显示通道)、显示时钟(时、分)等方式，通过按键交替选择。

(5) 预置功能：巡回时间间隔、计时(年、月、日、时、分、秒)。

(6) 具有传感器连接自检测及长引线电阻补偿。

### 课题 10　轴温监测系统

功能描述：

(1) 用标准时钟作为系统时钟，运行中定时记录各点的温度/时间。

(2) 对各检测点巡回检测或人工选择某一点进行检测、显示和记录。

(3) 根据各检测点的温度范围和状态标准，分别对各检测点按正常、异常、故障和超限进行诊断和处理。其中正常状态自动进行巡回检测；异常状态自动显示异常测点的序号和温度，并发出异常信号；故障状态自动显示故障点序号及温度，并发出故障信号；超限状态在超限时即发出停机声响，显示和记录超限测点的温度及发生时间。

(4) 系统可记录全部相关信息，根据需要由微型打印机打印或通过 RS-232C 串行传送。

## 模块六　数据采集

### 课题 1　多路数据采集系统

功能描述：

(1) 设计一个 8 路数据采集系统，系统原理框图如图 5.5 所示。主控制器能对 50 m 以外的各路数据通过串行传输线(验证时可用 1 m 线代替)进行采集和显示。包括现场模拟信号产生器、8 路数据采集器和主控器。

(2) 现场模拟信号产生器。自制一正弦波信号发生器，利用可变电阻改变振荡频率，使频率在 200 Hz～2 kHz 的范围内变化，经频率/电压变换后，输出相应的 1～5 V 直流电压(200 Hz 对应于 1 V，2 kHz 对应于 5 V)。

(3) 8 路数据采集器。数据采集器第 1 路输入自制信号发生器的 1～5 V 直流电压，第 2～7 路分别输入来自直流电源的 5 V、4 V、3 V、2 V、1 V、0 V 直流电压(各路输入可由分压器产生，不要求精度)，第 8 路备用。将各路模拟信号分别转换成 8 位二进制数字信号，再经并/串变换电路，用串行码送入传输线路。

(4) 主控器。主控器通过串行传输线路对各路数据进行采集和显示。采集方式包括循环采集和选择采集(任选一路)。显示部分能同时显示地址和相应的数据。

(5) 利用电路补偿或其他方法提高可变电阻值变化与输出直流电压变化之间的线性关系。

(6) 尽可能减少传输线数目。

(7) 增加传输距离，改善显示功能。

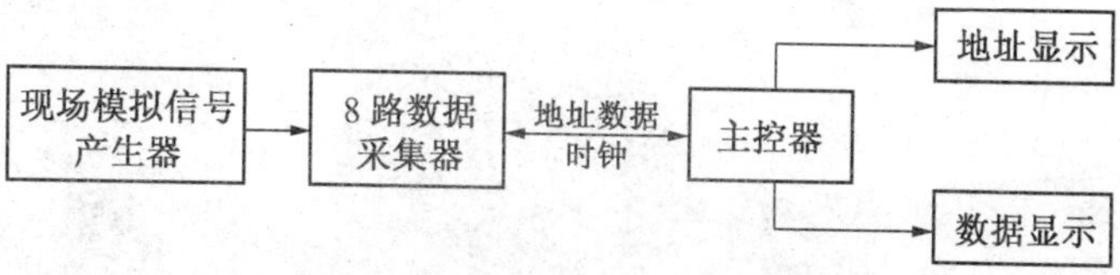


**图 5.5　8 路数据采集系统框图**

## 课题 2　数据采集与传输系统

功能描述：

(1) 设计一个用于 8 路模拟信号采集与单向传输的系统，系统原理框图如图 5.6 所示。

(2) 被测电压为 8 路 0～5 V 分别可调的直流电压。具有在发送端设定 8 路顺序循环采集或指定某一路采集的功能。

(3) 采用 8 位 A/D 转换器。

(4) 采用 3 dB 带宽为 30～50 kHz 的带通滤波器(带外衰减优于 35 dB/10 倍频程)作为模拟信道。

(5) 调制器输出信号峰峰值 $V_{SP-P}$0～1 V 可调。码元速率 16 kB。具有一个时钟频率可变的测试码发生器(如 01011…等)，用于测试传输速率。

(6) 在接收端具有显示功能，显示被测路数和被测电压值。

(7) 具有一个用伪随机码形成的噪声模拟发生器，伪随机码时钟频率为 96 kHz，周期为 127 位码元，生成多项式采用 $f(x)=x^7+x^3+1$，其输出峰峰值 $V_{nP-P}$0～1 V 连续可调。

(8) 具有一个加法电路，将调制器输出 $V_{SP-P}$ 与噪声电压 $V_{nP-P}$ 相加送入模拟信道。在解调器输入端测量信号与噪声峰峰值之比($V_{SP-P}/V_{nP-P}$)，当其比值分别为 1、3、5 时，进行误码测试。测试方法是在 8 路顺序循环采集模式下，监视某一路的显示，检查接收数据的误码情况，监视时间为 1 min。

(9) 在 $V_{SP-P}/V_{nP-P}=3$ 时，尽量提高传输速率，并用测试方法检查接收数据的误码情况。

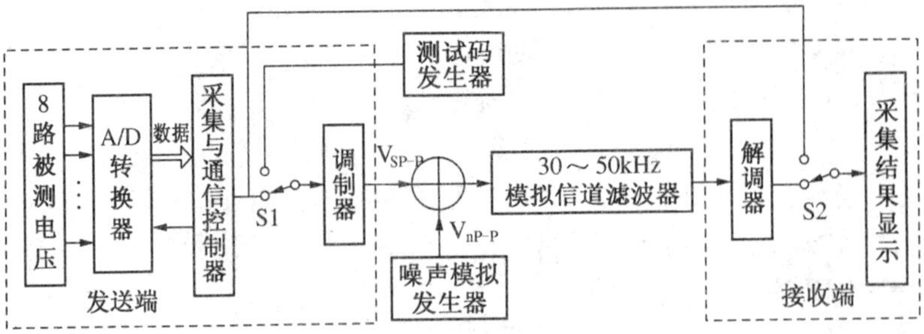


图 5.6　信号采集与单向传输系统框图

# 附录　常用集成电路引脚图

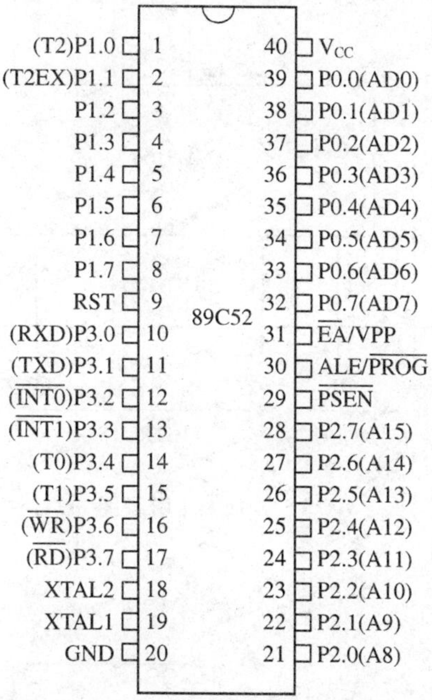


**8052** 系列引脚图

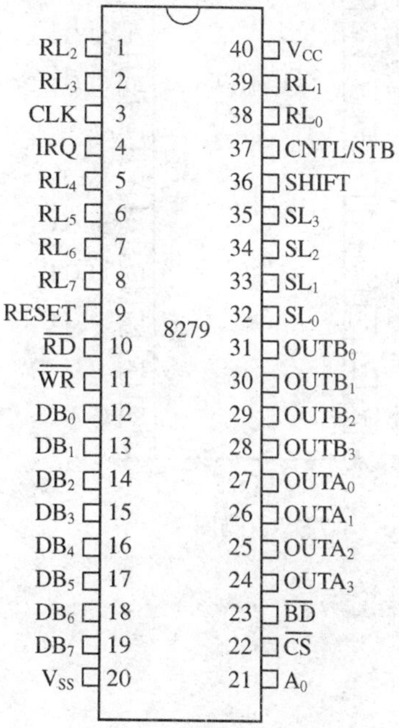


**8279** 引脚图

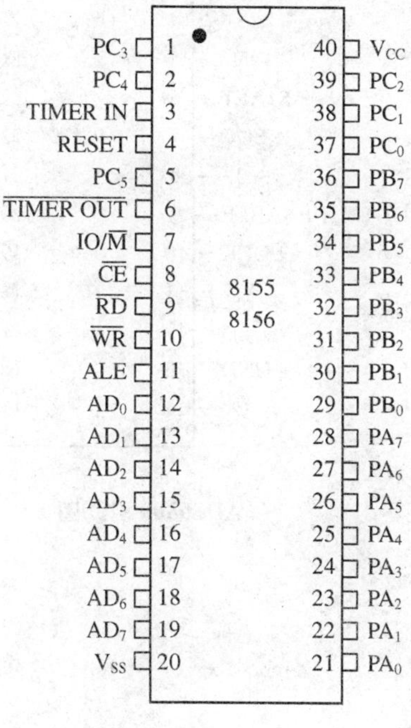


**8155** 引脚图

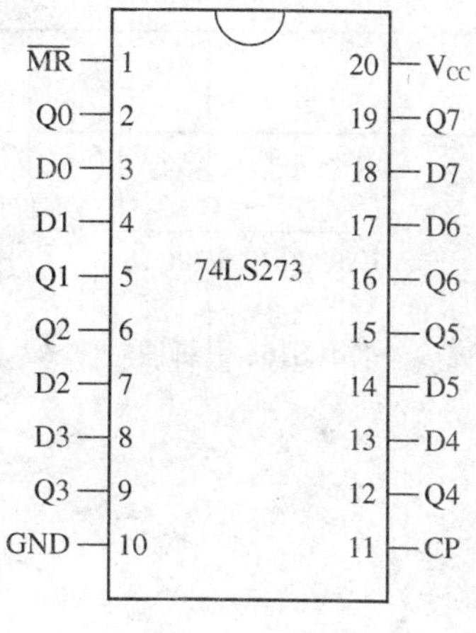


**74LS273** 引脚图

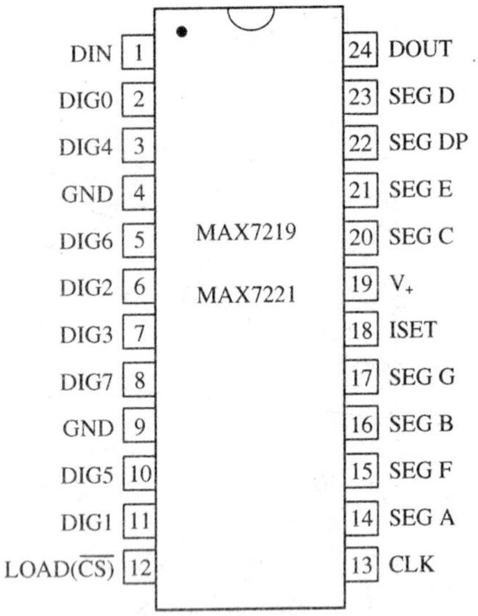


**7219 引脚图**

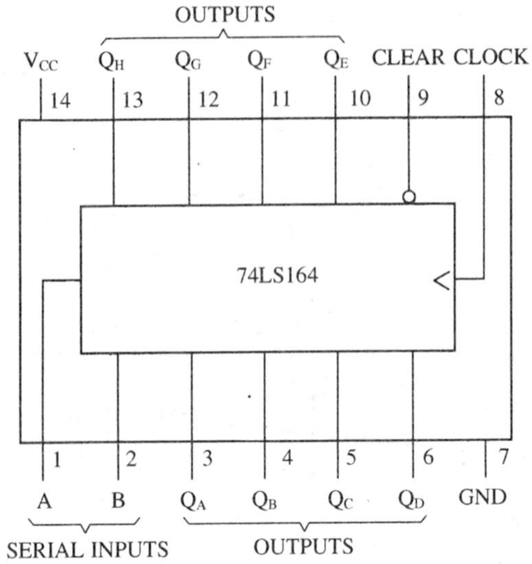


**74LS164 引脚图**

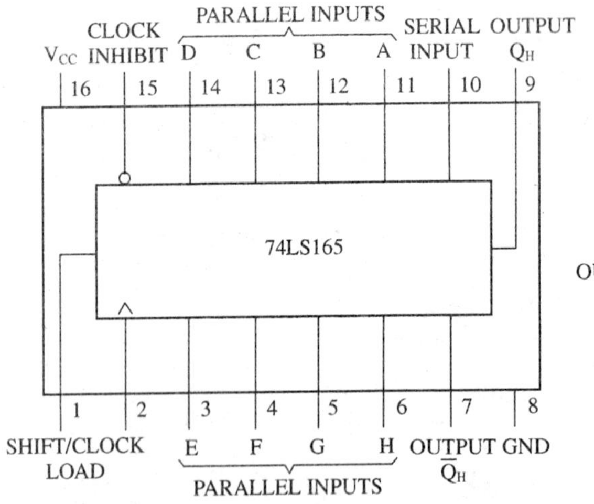


**74LS165 引脚图**

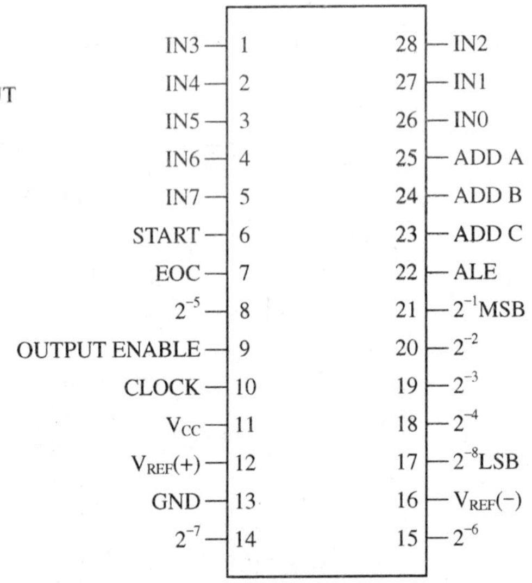


**ADC0809 引脚图**

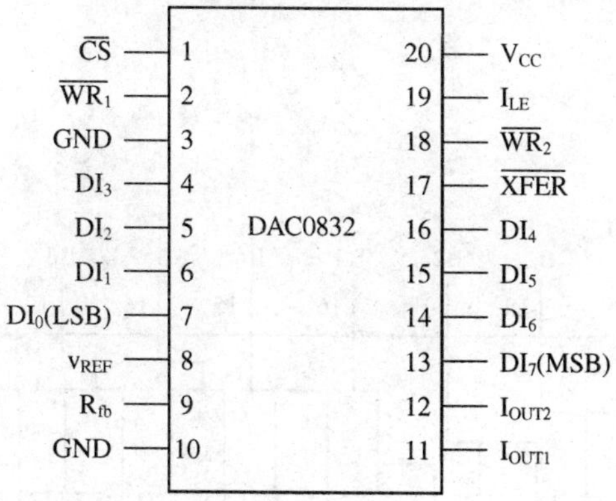


**DAC0832 引脚图**

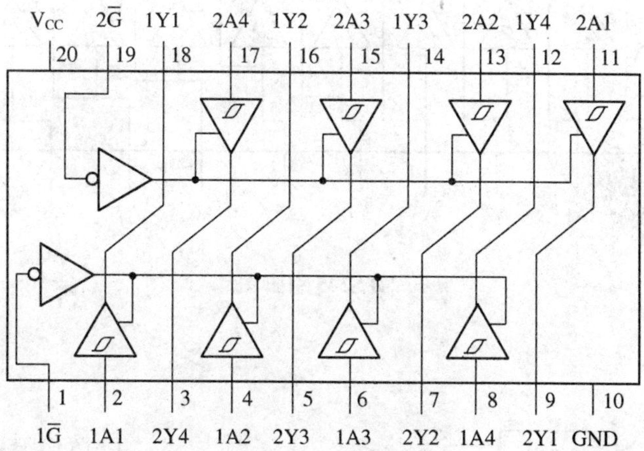


**74LS244 引脚图**

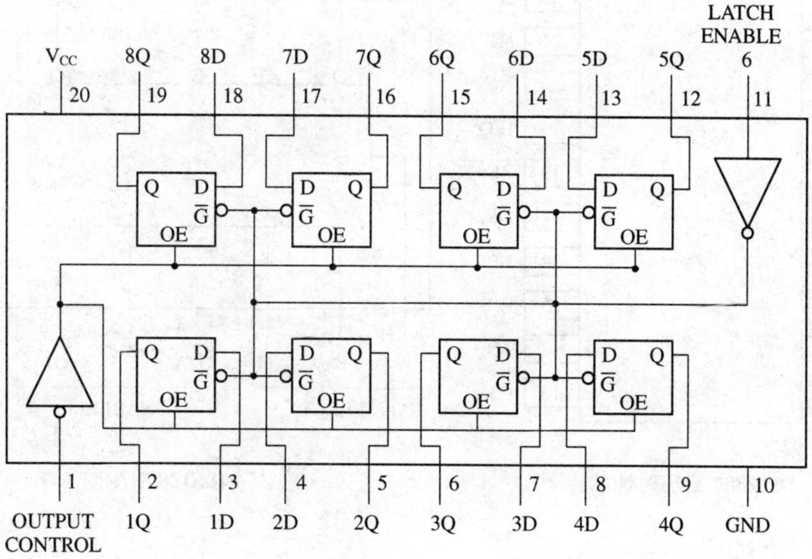


**74HC373 引脚图**

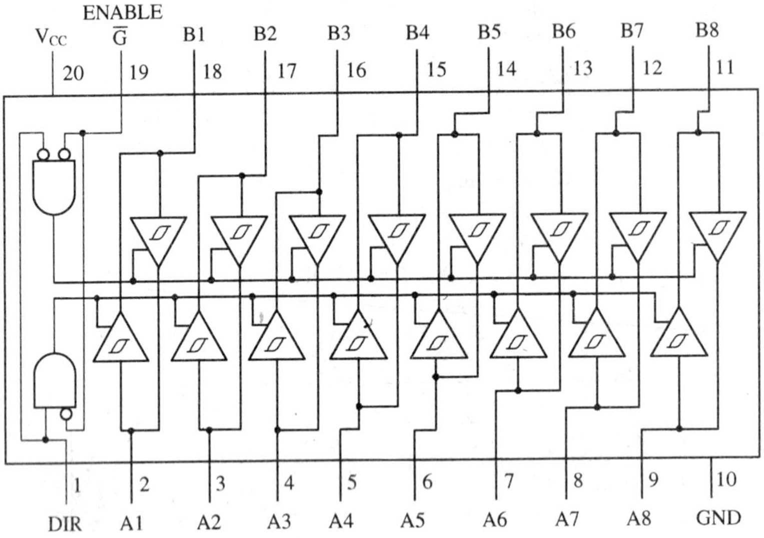


**74LS245 引脚图**

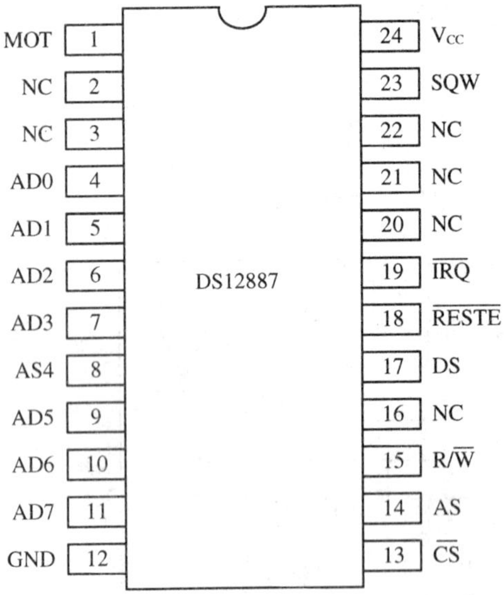


**DS12887 日历时钟芯片**

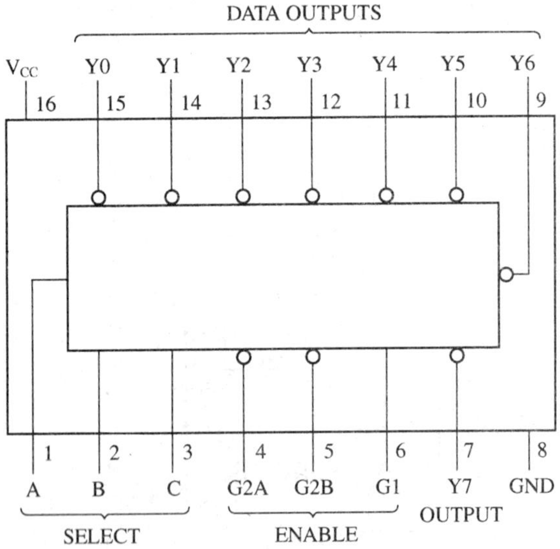


**74LS138 引脚图**

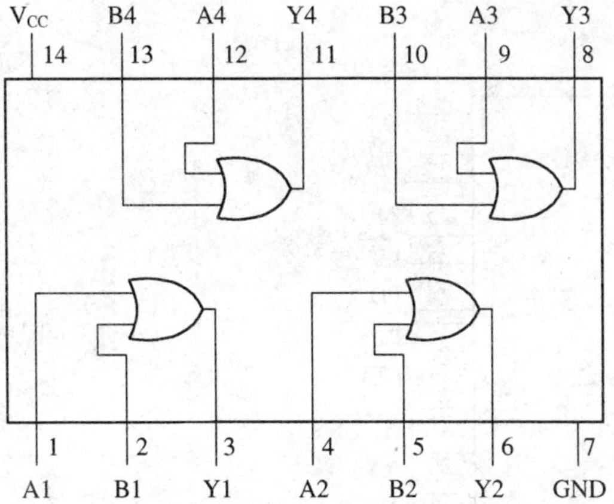


74LS32 引脚图

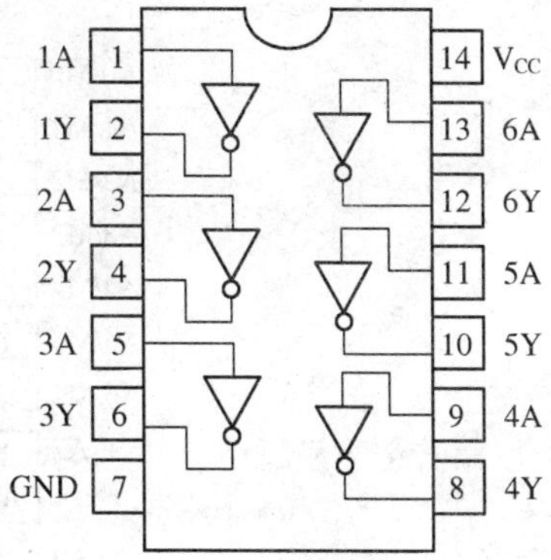


74LS06 引脚图

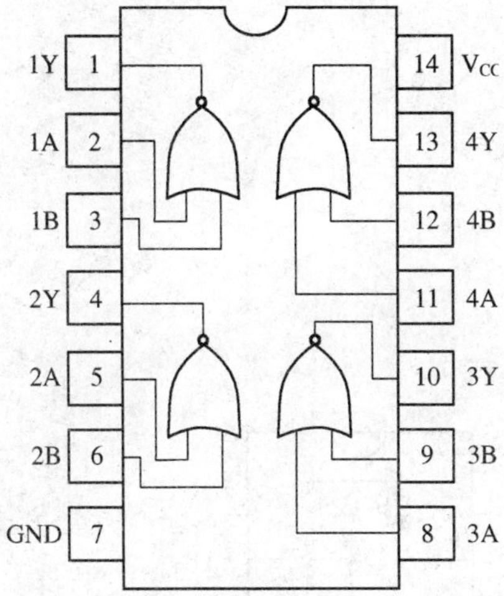


74LS02 引脚图

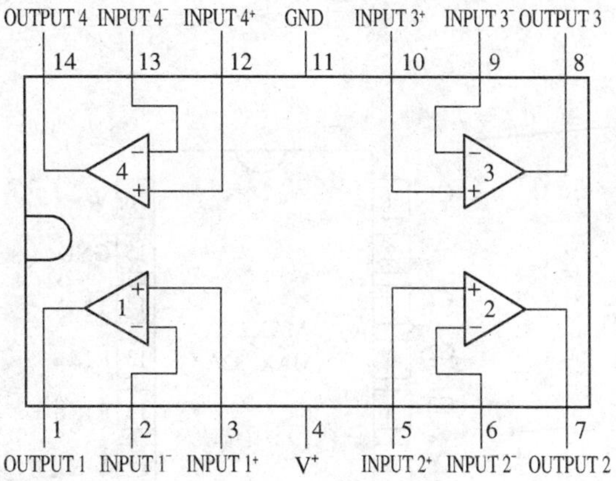


LM324 引脚图

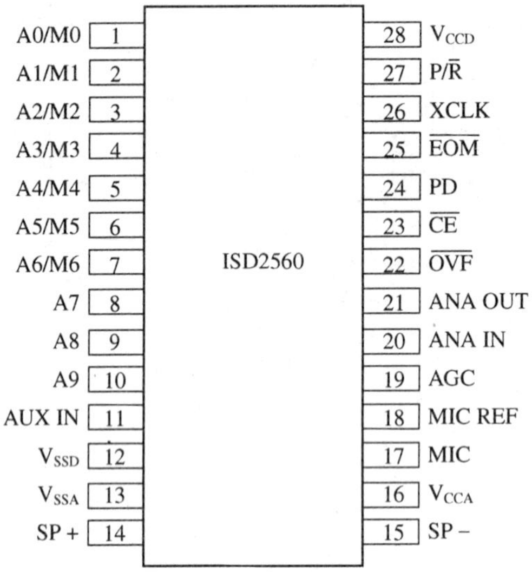


**ISD2560 语音芯片**

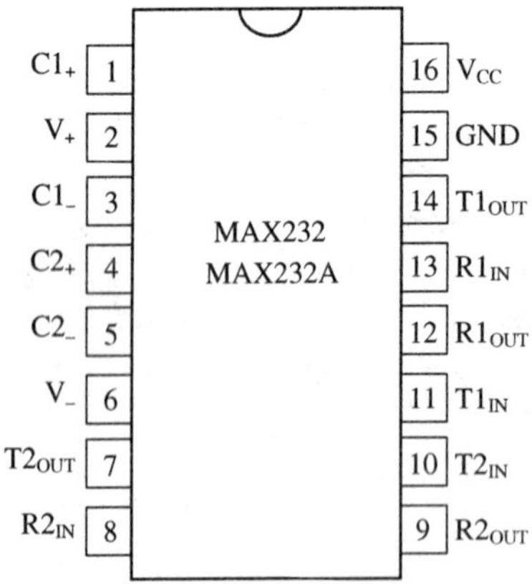


**MAX232 引脚图**

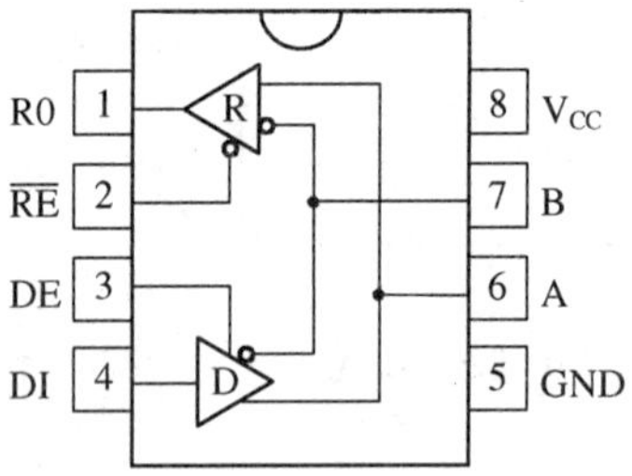


**MAX485 引脚图**

# 参考文献


1 周向红. 51 系列单片机应用与实践教程[M]. 北京:北京航空航天大学出版社,2008

2 秦晓梅等. 单片机原理综合实验教程[M]. 大连:大连理工大学出版社,2004

3 万光毅等. 单片机实验与实践教程(一)[M]. 北京:北京航空航天大学出版社,2003

4 夏继强等. 单片机实验与实践教程(二)[M]. 北京:北京航空航天大学出版社,2001

5 付家才. 单片机实验与实践[M]. 北京:高等教育出版社,2006

6 何立民. 单片机高级教程——应用与设计(第 2 版)[M]. 北京:北京航空航天大学出版社,2007

7 张毅刚等. MCS - 51 单片机实用子程序设计(第二版) [M]. 哈尔滨:哈尔滨工业大学出版社,2003

8 包建华,刘海宽. 单片机系统中 LED 显示译码驱动技术研究[J]. 重庆工学院学报(自然科学版),2007,21(8):50～53

9 朱杰斌等. DS12887 在数据采集与监控中的应用[J]. 微计算机信息,2008, 24(1—2):296～298

10 中国单片机世界. http://www. mcuw. com

11 51 单片机学习网. http://www. 51c51. com

12 电子产品世界. http://www. eepw. com. cn

13 单片机设计网. http://www. mcusj. com